하리하라의
과학고전 카페 ❷

하리하라의
과학고전 카페 ②

이은희 지음

글항아리

얼마 전 고급 레스토랑에 갔습니다. 특별한 기념일이어서 모처럼 격식 있는 곳에서 맛있는 음식을 먹고 싶었거든요. 거기에 향기로운 와인까지 더해서요. 고급 레스토랑에 가려니 준비해야 할 게 한두 가지가 아닙니다. 일단 장소의 분위기와 격식에 맞게 좋은 옷을 골라 입고 곱게 화장을 했습니다. 옷을 차려입으니 머리도 단정하게 매만져야 할 것 같고, 평소에는 잘 하지 않던 귀걸이며 목걸이 같은 장신구도 해야 할 것 같고, 아껴두었던 좋은 핸드백과 구두도 꺼내야 할 것 같았습니다. 음식 하나 먹는데 이렇게 준비해야 할 것이 많다니, 하며 살짝 투덜대고 싶을 정도로요.

다음날은 주말이었습니다. 오랜만에 늦잠을 자고 보니 밥을 해 먹기가 여간 귀찮은 것이 아닙니다. 집에서 입던 편한 옷에 화장 안 한 얼굴과 부스스한 머리는 대충 모자로 가리고 동네 햄버거 가게에 들러 햄버거와 콜라를 샀습니다. 집으로 돌아와서는 소파에 아무렇게나 앉아 가져온 햄버거와 콜라를 먹습니다. 입가에 묻은 햄버거 소스는 손으로 쓰윽 닦고, 콜라 안에 든 얼음을 꽈드득 소리 내며 씹어도 누구 눈치 볼 일 없으니 편하더군요.

입 안에 들어가면 같은 먹거리라도 어떤 음식을 먹느냐에 따라 음식을 대하는 사람들의 태도는 달라집니다. 어떤 음식은 공들여 준비를 한 뒤 먹는가하면, 어떤 음식은 대충 되는대로 먹을 수도 있지요. 음식을 먹는 방법이 이처럼 다양하듯, 책을 읽는 방법도 마찬가지입니다. 어떤 책은 아무런 생각 없이 고민 없이 그냥 읽을 수도 있습니다. 복잡한 머리를 식히고 무료한 일상을 달래주는 청량음료처럼 말이죠. 하지만 읽기 전부터 마음의 준비를 해야 하는 책들도 있지요. 복잡한 예절에 맞춰서 먹어줘야 하는 고급 음식점의 음식들이 그런 것들이지요. 편하고 간단한 음식도 좋지만, 가끔씩은 격식 있는 곳에서 음식을 먹어보는 것도 좋습니다. 대개의 과학책들은 간단히 먹을 수 있는 햄버거보다는 준비를 하고 예의를 갖추고 먹어야 하는 음식들처럼 느껴집니다. 쉽게 책을 들추기 어렵고, 일단 책을 읽기 시작하더라도 수월하게 페이지가 넘어가지 않는 경우가 많으니까요.

하지만 햄버거를 먹은 일은 별다를 것이 없지만, 고급 음식점에서의 식사는 특별한 경험이 될 수 있듯이, 시간과 노력을 들여 읽은 과학책 한 권은 오래도록 뇌리에 남을 수 있습니다. 좋은 음식에는 정크 푸드에는 부족한 신선한 재료와 만드는 이의 정성이 담겨 있듯이, 좋은 과학책에는 신선한 사상과 작가의 심혈이 들어 있어, 오래오래 곱씹을 수 있는 생각거리들을 던져주거든요.

꼭 읽어야 할 책이라고들 추천하지만, 유명한 과학책들은 분명 쉽게 손이 가는 책은 아닙니다. 내용도 어렵고 두께도 두껍고 지레 접부터 나지요. 하지만 처음 맛보는 음식이라도 친절한 종업원이 설명해주면 덜 낯설듯이, 처음 접하는 어려운 과학책이라도 내용을 조금 파악하고 읽기 시작한다면 더 친숙하게 다가올 것입니다.

이 책은 여러분이 원본 책을 읽기 전에 그 책에 담긴 내용이 어떤 것인지, 그 책을 읽기 전에 알아두면 좋은 것은 무엇이 있는지, 다 읽고 난 뒤 아쉬운 경우 더 읽어볼 책들이 무엇이 있는지에 대해 도움을 주는 일종의 가이드북입니다. 이 책만으로 수많은 과학자들이 평생을 들여 쓴 역작들에 담긴 뜻을 모두 설명하기에는 역부족입니다만, 여러분이 두껍고 낯설어 보이는 과학책을 조금 더 쉽게 맛보게 하기 위한 애피타이저의 역할을 했으면 합니다. 한 가지 추천하자면, 애피타이저만 맛보고 메인 요리를 놓치는 실수는 하시지 마시길 바랍니다. 오래도록

하리하라의
과학고전 카페

정성들여 조리한 음식에서 깊은 맛이 우러나듯, 작가의 심혈이 담긴 과학책들도 여러분의 마음속에 오래도록 남을 생각거리들을 던져줄 테니까요.

2008년 6월 하리하라 이은희

인간의 지성은 어떻게 탄생했나?

칼 세이건의 『에덴의 용』

"모든 것은 절대적이지 않다"

하이젠베르크의 『부분과 전체』

다윈의 진화론만큼 많은 오해와 비판을 받는 과학 이론도 드물다. 진화론 반대론자들은 '인간을 비롯한 생명체는 너무나 정교하게 구성되어 있어서 의도적으로 이를 만들어낸 설계자 없이는 존재할 수 없다'고 규정하며, 창조주의 존재를 인정하고 '지적 설계론'을 제시한다. 이들은 '비록 생명체들이 진화를 거쳐 이전의 모습에서 다른 모습으로 변할 수는 있지만, 최초의 생명은 결코 저절로 만들어지지 않기 때문에 창조주의 손길이 필요하다'고 주장한다. 그러나 도킨스는 창조론자들의 주장은 잘못된 것이며, 생명이란 진화에 의해서 만들어지고 변화되어온 것이 틀림없다고 반박한다. 그는 '절대적인 설계자'란 존재하지 않으며 만약 그런 존재가 있다면 '눈먼 시계공'에 불과할 것이라면서 진화론을 노골적으로 옹호한다. 그가 어떤 논리를 통해 진화론이 옳음을 증명하는지 살펴보자.

진화론을 옹호하고 지적 설계론을 비판하다

리처드 도킨스의 『눈먼 시계공』

리처드 도킨스는 누구인가?

1941년 케냐의 나이로비에서 태어난 리처드 도킨스 Richard Dawkins, 1941~는 동물 행동학자로 유명한 니코 틴버겐의 제자로 영국 옥스퍼드대에서 공부했다. 현존하는 가장 유명한 생물학자이자 과학 저술가 중 한 명으로 옥스퍼드대 교수로 재직 중이다. 1976년 그는 첫 책이자 대표 저작인 『이기적 유전자 The Selfish Gene』를 발간하여 주목을 받았다. 도킨스는 이 책을 통해 생명체의 생존과 진화에 결정적인 역할을 하는 것은 개체 그 자체가 아니라, 개체가 품고 있는 유전자의 이기심에서 발로했다는 주장을 펼쳤다. 그는 진화론의 옹호자이며, 사회생물학 이론의 지지자이고, 유전자 gene에 빗대어 '문화적 진화' 를 담보하는 '밈 meme' 이란 용어를 처음 도입해 이론화시킨 인물이다.

저서로는 『이기적 유전자』의 후편격인 『확장된 표현형』, 과학적인 사고로 세상을 보라는 『악마의 사도』, 신의 존재에 대해 맹공을 퍼부은 『만들어진 신』 등이 있다.

인간은 **진화한다**
vs **지적 설계자** 존재한다

도킨스의 『눈먼 시계공』은 지적 설계론에 대한 비판서이며, 진화론에 대한 노골적인 옹호서이다. 따라서 그의 주장을 살펴보기 전 먼저 다윈의 진화론과 지적 설계론에 대해 알아보자.

진화의 원동력, 자연선택과 성선택

진화evolution란 학자들에 따라 조금씩 정의가 다르지만, 일반적으로 '자연계에 적응하는 생물 개체군에서 나타나는 점진적인 변화'를 말한다. 생명체들은 끊임없이 변이를 통해 다양성을 확보한다. 변이들은 무작위로 나타나지만, 특정 변종에게서 나타난 변이는 누적되어 점점 더 원종과 거리가 멀어지는 경우가 생긴다. 오랜 세월에 걸쳐 변이가 누적되면 변종은 원종과는 다른 새로운 종으로 분화한다. 현재 지구상에 나타나는 다양한 생물종은 하나의 공통 조상으로부터 분화한 진화의 결과다. 그렇다면 진화는 어떤 요인에 의해 촉발되는가?

다윈이 『종의 기원』을 통해 대표적인 진화의 원리로 제시한 것은 '자연선택'이었다. 다윈은 '자연선택'이라는 말을 직접적으로 사용하지는 않았으나, 당시 농장에서 흔히 육종을 통해 인간이 더 좋은 개체만을 골라서 키우는 것처럼, 자연 역시 더 적응력이 뛰어난 개체를 '선택'하는 능력이 있다는 암시를 주고 있다. 또한 다윈은 이 개념을 통해 인간에게는 생물종에 산발적으로 나타나는 능력을 선별해 이를 유지·발전시키는 수완이 있음을 암시하고 있다.

생물은 동적인 존재이기 때문에 항상 변이가 일어나지만, 이 변이들은 어떠한 목적성이나 방향성도 없이 무작위로 일어난다. 그중 특정 변이 현상이 아주 조금이라도 생물체의 생존을 높이는 방식으로 작용하면, 이는 생존 경쟁에 유리하게 작용할 것이고, 자연이 선택할 확률이 높아진다. 자연 상태의 생물들은 많은 수의 자손을 낳지만, 대부분은 도태되고 아주 소수의 숫자만이 남아 생식 가능한 어른으로 성장한다. 이 과정에서 생존에 유리한 변이(예를 들어 다른 개체보다 목이 더 긴 기린이나 코가 더 길고 유연한 코끼리)들이 살아남을 확률이 크고, 따라서 이 변이를 물려받은 자손들이 태어날 확률도 높아진다. 이 과정이 반복되다보면 개체군 속에서 이 변이를 가진 개체의 숫자가 차츰 늘어날 것이고, 어느 순간 이들이 개체군의 대표적인 속성으로 자리잡게 되는 것이다.

코끼리의 코나 기린의 목이 더욱 길어진 것은 생존에 유리하기 때문
이다. 이런 변이를 물려받은 개체는 살아남고, 그렇지 못한 개체들은
도태돼 긴 목과 긴 코는 이들 동물의 대표적인 속성으로 자리잡았다.

꼬리가 크고 화려할수록 생존에는 불리하다. 하지만 수컷 공작에겐 암컷의 시선을 끄는 것이 더 중대한 일이다. 이처럼 번식에 유리한 진화를 '성선택'이라 부른다.

이처럼 다윈은 새로운 변종이 출현하는 과정을 한정된 자원 속에서 생존하기 위해 경쟁하는 생물 종들의 본질적 특성 때문이라고 보았다. 경쟁 속에서 살아남은 종들은 자연의 '선택'을 받은 존재다. 선택받은 존재들은 살아남고 그렇지 못한 종들은 도태되는 과정이 끊임없이 반복되며, 이것이 바로 진화의 원동력이다.

　다윈은 진화의 원동력 중에서 자연선택 외에 또다른 요인으로 성性선택 이론을 들었다. 진화상의 승리는 개체의 생존을 유지시키는 것과 번식에 성공하는 것, 두 가지를 모두 충족시켜야 한다. 따라서 개체의 생존에는 다소 불리한 변이라도 번식에 유리하다면 이 변이는 진화상 보존되곤 한다. 예를 들어 숫공작은 커다란 꼬리깃으로 인해 적으로부터 날아서 도망칠 수 없고, 그 화려한 색은 천적의 눈에 띄기 쉬워서 생존에 불리한 변이다. 그러나 꼬리깃이 크고 화려할수록 암컷의 관심을 끌기 쉽고 그만큼 짝짓기에 성공할 확률도 높아진다. 따라서 숫공작의 꼬리깃은 개체의 생존에는 불리해도 번식에는 유리한 형질이므로 진화상 선택되었고, 더욱 크고 화려한 방향으로 변이를 거듭해왔다. 이처럼 이성의 관심을 끌어 번식에 유리한 방향으로 진화가 유도되는 것을 '성선택'이라고 한다. 특히 성선택으로 인한 변이는 수컷에게서 두드러지게 나타나는데, 이는 남성호르몬인 테스토스테론의 역할과도 관련이 있다.

　테스토스테론의 분비가 많을수록 남성성이 강해지고 암컷에게 성적 매력을 느끼게 만들지만, 테스토스테론은 면역력을 떨어뜨리는 부작용을 갖고 있다. 따라서 자연계에서 가장 매력적인 수컷일수록 기생충에 감염된 경우가 많은데, 그럼에도 암컷들은 매력적인 수컷을 고르는 데 주저하지 않는다. 이는 역으로 테스토스테론의 과다 분비로 면역력이 약함에도 불구하고 건강을 유지할 정도로 이 개체의 유전자가 뛰어남을 보여주는 반증이 되어 암컷에게 더욱 매력적으로 작용[1]하기 때문이다. 다윈은 『종의 기원』을 통해 수컷의 능동성을 강조한 성선택에 대해 언급했고, 이후 많은 학자들의 연구 결과 자연계에서 성선택은 자연선택보다 더욱 강력한 진화의 요인으로 작용한다는 것이 밝혀졌다.

"인간처럼 복잡한 존재는 우연히 발생할 수 없다"

지적 설계론은 일종의 창조론으로, 진화론만으로는 완벽하게 설명되지 않는 생명 탄생의 신비에 대하여 '복잡하고 다양한 생물의 구조는 우연한 발생으로는 성립 불가능하며, 매우 지적이며 총명한 설계자의 존재가 뒷받침되어야 한다' 고 주장한다. 지적 설계론은 세 가지 이유를 들어 진화론에 반대한다.

첫번째는 '감소되지 않는 복잡성' 이다. 이는 어떤 기능을 담당하는 하나의 시스템은 이를 구성하는 다양한 요소들의 상호작용에 의존하며, 이 가운데 한 요소만이라도 기능하지 못한다면 전체 기능을 마비시키므로 쓸모가 없다는 것이다. 우리의 시각 시스템(눈)을 예로 들어 설명해보면, 사람의 눈은 안구와 시신경, 눈 근육 등이 모두 조화롭게 구성되었을 경우에는 매우 유용하나, 이중 하나라도 빠지면 전체 시스템이 작동하지 않는다. 이렇게 복잡다단하게 구성된 시스템이 설계 없이 우연히 한

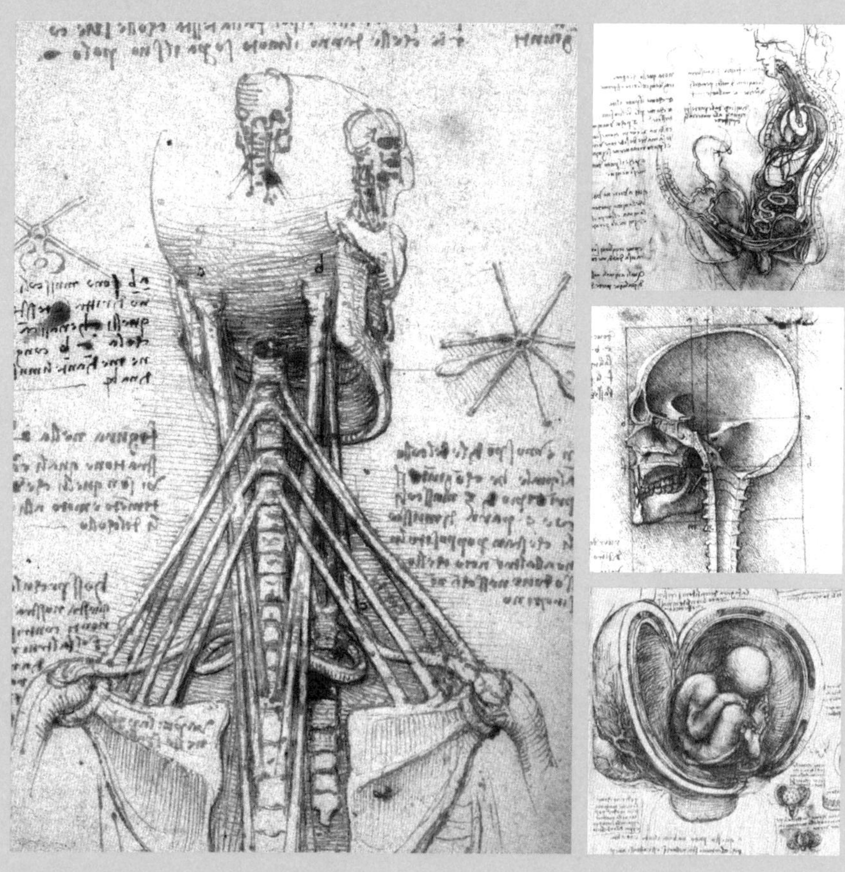

레오나르도 다 빈치의 해부학 스케치. '이처럼 복잡한 구조로
이루어진 인간의 몸이 과연 저절로 발생할 수 있었을까' 라는
것이 지적 설계론자들의 진화론에 대한 반박이다.

꺼번에 발생한다는 것은 불가능하다.

　두번째는 특성화된 복잡성이다. 생물은 매우 복잡하게 구성되어 있지만, 이는 단순히 복잡하기만 한 것이 아니라 특정한 기능을 수행할 수 있도록 만들어져 있다는 것이다. 예를 들어 원숭이도 타자기를 쳐서 복잡하고 긴 문장을 만들어낼 수는 있지만, 의미와 감동을 주는 셰익스피어의 극본을 써낼 수는 없을 것이다. 생태계는 셰익스피어의 극본보다 훨씬 더 복잡하지만, 그 복잡성 속에서 모두 특정한 기능을 수행하고 있다. 이런 것이 우연히 일어난다는 것은 불가능하다.

　세번째는 인류학적 원리다. 우주를 구성하는 원리는 지구에 생명이 살기에 적합하도록 맞춰져 있다는 것이다. 예를 들어 대기를 이루는 기체의 성분과 조성이 조금이라도 바뀐다거나, 지구가 태양으로부터 조금만 더 멀리(혹은 가까이) 있다면 많은 생명이 살아남을 수 없을 것이다. 지구상에 생명이 존재하고 발전하는 것은 우주를 구성하는 요소들이 완벽하게 조화를 이루지 않고서는 불가능한 일이다. 따라서 이런 것이 결코 우연일 리 없다는 것이 지적 설계론자들의 주장이다.

　지적 설계론자들은 진화론에 반대한다. 그러나 위의 세 가지 이유는 객관적이고도 과학적인 증거가 아니라 직관적인 주장에 불과하다. 그에 반해 도킨스는 자신의 책에서 진화론에 대해 잘못 알려진 사실들을 객관적인 증거를 들어 논리적으로 주장한다. 그것이 바로 '과학적'인 논증의 방식이다.

생물을 계획한 **의도 따위는 없다**

자연선택은 '눈먼 시계공'이다

우리는 자신을 포함해 생물같이 복잡한 존재가 왜 지구상에 존재하게 되었는지에 대해 알고 싶어한다. 19세기의 신학자 윌리엄 페일리는 「자연신학 또는 자연현상에서 수립된 신의 존재와 속성에 대한 증거」(1802)라는 논문을 통해 생물은 신의 의도에 따라 만들어졌다고 주장한 바 있다. 그는 이 논문에서 '시계'의 비유를 통해 창조주의 존재를 역설한다. 시계처럼 대상 자체가 정밀하고 복잡한 물체는 결코 저절로 만들어질 수 없기 때문에, 이를 만든 시계공이 반드시 존재할 것이라 생각된다. 같은 논리로 그는 자연의 작품, 즉 생명체는 시계보다 훨씬 더 복잡하고 정밀하기 때문에 생명 탄생에는 창조주의 의도적인 설계가 있었을 것이라 유추한 것이다.

도킨스는 자신의 책 제목을 페일리의 시계공 비유에서 패러

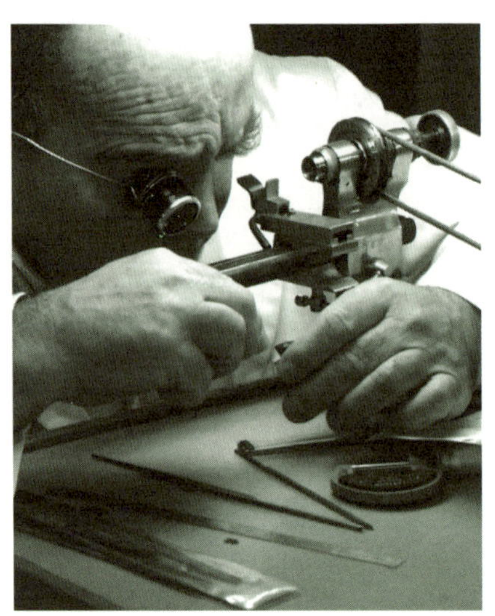

생명체에게는 의도된 설계가 없다. 만약 자연선택이 자연의 시계공 노릇을 한다면, 그건 '눈먼 시계공'일 것이다.

디했다. 그는 시계와 생물을 비교하는 것은 오류라고 지적하며, 생물은 '의도된 설계'가 아니라 '자연선택'에 의해 진화했고, 거기에는 미리 계획한 의도 따위는 전혀 들어 있지 않다고 주장한다. 자연선택이란 의도도 없고 통찰력도 없으며 앞을 내다보지 못하는 과정이다. 따라서 만약 자연선택이 자연의 시계공 노릇을 한다면, 그것은 '눈먼 시계공'과 다를 바가 없다는 것이다.

당신은 진화론을 정말 아는가?

사람들에게 다윈주의적 진화론을 이해시키는 데 있어 가장 큰 난관은 사람들이 '진화론을 모른다'는 것이 아니라, 모든 사람이 '진화론을 이해하고 있다고 생각한다'는 데 있다. 그러나 진화론을 이해하고 있다고 여기는 사람들 대부분은 진화의 논리를 거의 알지 못하거나 오해하곤 한다. 그렇다면 진화론은 어떻게 오해되고 있는가?

① 진화론에 대한 첫번째 오해

무작위적 선택으로는 진화가 일어날 수 없다?
→ 1차 선택과 누적 선택

진화론에 대한 가장 큰 오해 중 하나는 '자연선택'을 '무작위적 우연'의 반복으로 보는 것이다. 그러나 자연선택은 '의도적이지는 않지만 결코 무작위적인 우연'은 아니다. 물론 돌연변이는 무작위로 우연히 일어난다. 하지만 그 돌연변이 중 어떤 돌연변이가 살아남아서 자손을 남길 수 있는지는 무작위로 선택되는 것이 아니다. 원숭이와 타자기의 예를 들어보자. 원숭이에게 타자기를 주고 'Methinks it is like a weasel(내가 보기에는 그것이 족제비 같다)'는 단어를 쳐낼 확률을 생각해보자. 각 자리에 알파벳 26개와 스페이스 키를 더해 27분의 1의 확률이 28번 이어져야 한다. 즉 거의 불가능에 가깝다.

그러나 진화는 그런 방식으로 일어나지 않았다. 진화는 충분히 오랜 시간을 두고 점진적이고 연속적으로 일어나는데, 각각의 연속적인 변화는 '그 앞의 것과 비교할 때' 우연히 생겨날 정도로 충분히 단순한 것이었지만, 이 변화가 오랜 시간을 두고 누적적으로 반복되면 출발점과 최종점은 결코 우연일 수 없게 된다. 우리가 구별해야 하는 것은 단순한 우연에 의해 이루어지는 1차 선택과 앞서 선택한 것에 다시 선택이 더해지는 누적적인 선택이다. 위의 원숭이 예로 다시 돌아가자. 원숭이가 1차 선택에서 완전한 문장을 치는 것은 기대할 수 없다. 이제 원숭이가 친 문장들 중에 아무것이나 하나 골라보자. 이 문장을 A라고 하면, A는 우연히 만들어지고 선택되었다. 그리고 다음 세대에서는 A가 복제되는데, 하나의 문자만 바꾼 A′들을 만든다. 다양한 A′들 중에서 의미가 있을 것이라고 생각되는 것을 다음 세대로 선택한다. 그리고 다시 선택된 A′를 하나의 문자만 바꿔 가장 비슷하다고 생각되는 것을 골라 A″로 삼는다. 이 과정을 컴퓨터로 프로그래밍하여 수십 번 반복하다보면 의미를 지닌 그럴듯한 문장이 만들어진다.

이렇듯 아주 작은 변화이긴 하지만, 매번 개선하여 미래를 건설하는 기초를 쌓는 누적적인 선택과 매번 전혀 새로운 시도를 하는 1차 선택 사이에는 커다란 차이가 존재한다. 만약 모든 변이가 1차 선택에 기초한다면 진화는 불가능하다. 그러나 실제 진화는 누적적인 선택을 통해 일어났고, 이런 변화는 우리가 상상할 수 없을 만큼 긴 시간 동안 차곡차곡 쌓여왔기 때문에 아주 단순한 생명체에서 지금처럼 복잡하고 정교한 생명체가 만들어질 수 있었던 것이다.

② 진화론에 대한 두번째 오해

복잡성은 의도적으로 설계되어야 한다?

→ 의도가 없어도 복잡성은 발생 가능하다. 바이오모프의 나라

진화론에 대한 두번째 오해는 생물이 가진 복잡성과 정교함은 그 정도가 너무 뛰어나서 의도적인 설계 없이는 도저히 만들어질 법하지 않다는 것이다. 경이로운 능력을 보여주는 생물은 많다. 예를 들어 박쥐는 사람들이 초음파 시스템을 만들어내기 훨씬 이전부터 훌륭한 초음파 감지기를 사용해왔다. 박쥐의 초음파 감지기는 너무나 뛰어나서 마치 이론에도 통달하고 실기에도 천재적인 기술자가 박쥐를 설계한 것과 같은 인상을 준다. 하지만 특정한 의도 없이도 복잡성과 정교함은 발달 가능하다. 도킨스는 이를 '바이오모프biomorph, 생물 모양을 나타낸 장식적인 형태' 형성 프로그램을 통해 증명했다.

도킨스는 '하나의 수직선에서 시작하여 수직선의 끝에서 두 갈래로 갈라진다. 각각의 가지는 다시 두 갈래의 작은 가지로 갈라지는 것이 계속 반복된다'는 명령을 프로그래밍했다. 이 프로그램을 돌리면 다음과 같은 나무 그림이 만들어진다. 도킨스는 이 프로그램을 조금 변형시켜 '진화'를 유도해냈다. 즉, 나무를 그려내는 단순한 가지 뻗기 규칙을 일종의 '발생'이라 정의

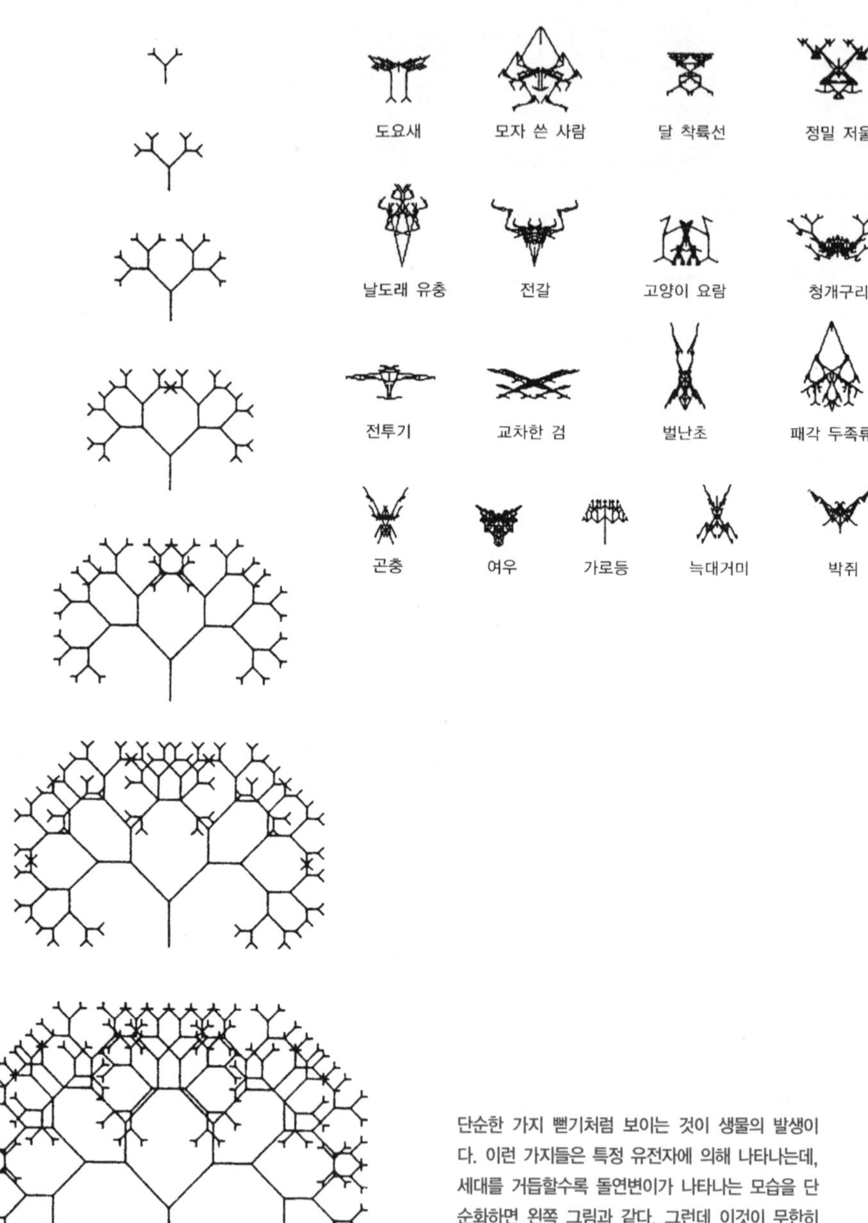

단순한 가지 뻗기처럼 보이는 것이 생물의 발생이다. 이런 가지들은 특정 유전자에 의해 나타나는데, 세대를 거듭할수록 돌연변이가 나타나는 모습을 단순화하면 왼쪽 그림과 같다. 그런데 이것이 무한히 반복되다보면 단순한 바이오모프도 '복잡하고 의미 있어' 보인다(오른쪽).

하고, 가지를 구성하는 요소들(가지의 길이, 가지가 뻗는 각도, 가지 뻗기의 반복 횟수 등)이 각각 특정 유전자에 의해 나타나며, 유전자가 세대를 거듭하면서 약간의 변화(±1 정도)가 일어나 돌연변이가 생긴다고 가정한 뒤, 변화가 누적적으로 일어나도록 프로그램을 돌린 것이다.

간단한 규칙만으로 이루어진 이 프로그램에서 각 세대의 바이오모프는 특별히 무언가를 의도한 것이 아니라 그저 주어진 조건하에서 무한히 반복될 뿐이다. 그러나 실제로 이 프로그램을 돌려보면 마치 의도적으로 그린 듯한 그림들이 등장한다. 9개의 유전자의 명령으로 선긋기와 가지치기만을 반복하는 단순한 바이오모프도 수 세대를 거쳐 반복되다보면 '복잡하고 의미 있어 보이는' 바이오모프로 나타난다. 이에 비해 생물체는 훨씬 많은 유전자와 다양한 변이가 존재하기 때문에, 더 복잡한 구조를 가진 정교한 생명체로 진화할 수 있다. 이것 역시 특정한 의도가 없이 가능하다는 것이 진화론이 말하고자 하는 바다.

③ 진화론에 대한 세번째 오해

진화론으로는 최초의 생명 탄생을 설명할 수 없다?
→ 케언스-스미스의 가설로 설명 가능하다.

지적 설계론자들도 생물체의 점진적인 변화 자체를 완전히 부정하지는 않는다. 그러나 그들은 점진적인 변화를 일으킨 시초, 즉 최초의 생명체는 결코 우연히 만들어질 수 없는 것이라 생각한다. 즉, 생물의 변이는 인정한다손 치더라도 최초의 생명체만큼은 창조주에 의해 만들어졌을 것이라는 얘기다. 실제로 생명 탄생의 필수적인 첫번째 단계는 저절로 발생하기에는 극히 어려운 일이므로, 이 부분은 진화론의 가장 취약한 부분임에 틀림없다.

지금까지 잘 알려진 최초의 생명 탄생 이론은 오파린의 가설과 밀러의 실험으로 유명한 '원시수프[2]' 가설이다. 그러나 도킨스는 이것 대신 케언스-스미스가 주장하는 '무기 광물질 이론'을 생명 탄생에 더 적합한 모델로 보고 있다. 케언스-스미스는 DNA-단백질로 구성된 생명이 비교적 최근에 등장한 복제자라고 보고 있다. 이 DNA-단백질 복제자가 나타나기 이전에는 지금과는 사뭇 다른 형태의 복제자가 여러 세대에 걸쳐 이룩한 누적적인 자연선택의 결과가 있을 것이며, 그러던 중 우연히 DNA가 출현했고, 그것이 훨씬 효율적인 복제자로 판명되자 원래의 복제 시스템은 DNA에게 자리를 물려주고 잊혀갔다는 것이다.

이 '넘겨받음'에 대한 이해를 돕기 위해 예를 들어보자. 여기 돌로 만든 아치가 있다고 치자. 아치 구조는 그 상태로 매우 안정적이어서 시멘트 같은 것으로 굳혀주지 않아도 서 있을 수 있다. 진화를 통해 복잡한 구조를 형성하는 것은 아무런 접착제

스톤헨지는 사람들이 흔히 생각하는 것처럼 돌을 쌓아서 만들어진 게 아니라, 돌을 빼내서 만들어졌다. 도킨스는 진화 역시 이 같은 원리에 비유된다고 말한다.

없이 돌을 한 개씩 쌓아올려 아치를 만드는 과정과 같다. 하지만 이것은 거의 불가능하다. 아치 구조는 완전하게 형성되어야 안정되는데, 중간 상태는 매우 불안정하기 때문에 쌓아올리는 것 자체가 불가능하다. 그렇다면 아치를 어떻게 만들 수 있을까.

생각을 잠시 돌려보자. 돌을 쌓아서가 아니라 돌을 빼내서도 아치를 만들 수 있다고 말이다. 돌을 아무렇게나 둥글게 쌓아올려 받침대를 만들고 그 위에 아치를 구성하는 돌을 모두 제

"세상은(인간은) 신의 콤파스에 의해 탄생됐다" vs "생명은 아무런 의도도 계획도 없이 생겨났다"

자리에 끼워맞춘 뒤, 조심스럽게 받침돌을 제거하면 아치는 무너지지 않고 서 있을 것이다. 실제로 스톤헨지나 피라미드도 이런 방법으로 만들어졌다고 한다. 지금 우리가 보기에 그 받침돌은 사라졌기 때문에 추리할 수밖에 없다. 마찬가지로 DNA와 단백질로 이루어진 복제자는 모든 부분이 동시에 존재할 때에만 지탱할 수 있는 아치의 두 기둥이다. 따라서 초기에 어떤 받침대가 있었는데 지금은 이것이 완전히 사라졌다고 보는 것이, 그것들이 단계적 과정을 거쳐 생겨났다고 보는 것보다 더 논리적인 추측이다. 그 받침대는 아주 단순한 형태의 누적적인 자연선택(돌을 아무렇게나 쌓아올리는 것처럼)을 통해 스스로 만들어진 것이어야 하며, 극히 초보적인 형태의 복제자를 기초로 한 것이어야 한다.

케언스-스미스는 최초의 복제자가 점토에서 발견되는 무기물들의 결정체라고 추측한다. 화학은 크게 유기화학과 무기화학으로 나뉜다. 탄소를 기초로 한 화학이 유기화학이며, 탄소를 뺀 나머지 물질만으로 구성된 화학이 무기화학이다. 탄소는 생물과 관련된 원소이기 때문에 매우 중요하게 여겨진다. DNA 역시 탄소를 기반으로 한 유기물이다. 탄소는 그 구조상 무한히 많은 거대 분자를 형성하는 중심 원소로 작용할 수 있다. 이러한 특징을 가진 원소는 탄소 외에 규소가 있다.

케언스-스미스는 지구상에 출현한 초기의 복제자는 규소를 중심으로 한 무기물 결정체였을 것이라고 추측한다. 결정이란 원자나 분자가 고체 상태로 질서정연하게 배열된 것을 말한다. 원자나 작은 분자들은 그들이 가지고 있는 독특한 모양 탓에 어떤 고정된 방식으로 차곡차곡 쌓이곤 한다. 이 과정은 마치 어떤 특정한 방식으로 끼워맞춰지길 '원하는' 것처럼 보이지만, 이는 그들이 지닌 성질에 따라 무의식적으로 일어나는 현상이다. 이들이 서로 끼워맞춰질 때, 어떤 방식을 '선호하는가'에 따라 전체 결정의 모양이 달라진다. 같은 탄소라도 어떻게 배열되느냐에 따라 단단한 다이아몬드가 될 수도 있고, 무른 흑연이 될 수도 있는 것처럼 말이다.

케언스-스미스는 『생명의 기원에 관한 일곱 가지 단서』를 통해 무기물 결정체가 우연히 만들어지고 이것이 복제되는 일이 반복되었으며, 오랜 세월이 지나는 동안 '복제'라는 기능을 더 잘 수행할 수 있는 물질, 즉 탄소를 기반으로 하는 RNA(혹은

DNA)가 등장하여 규소 대신 '복제자'의 기본으로 자연선택되어 번성하게 되었다고 말한다.

'논리적 힘'을 지닌 진화론

생물이 진화되어왔다는 사실은 생물학자뿐 아니라 일부 신학자들도 인정하는 '사실'이다. 생물의 진화에 대한 증거 중 일부는 무시하기에는 지나치게 압도적으로 나타나기 때문이다. 그렇기에 많은 신학자들은 신이 '현재와 같은 형태의 생명체를 모두 창조했다'는 주장에서 한발 물러나 '결정적인 순간에 영향을 미치거나 진화적 변화의 축적이 가능하도록 설계' 했다고 주장한다. 물론 이런 식의 신앙이 잘못되었다고 반증하는 것은 불가능하다. 신앙은 생명이라는 복잡한 대상을 만들어낼 만큼 경이로운 지성과 복잡성을 갖춘 존재가 미리 존재하고 있었음을 간단하게 '가정'하고 이를 '믿음'으로써 모든 것을 일축한다.

믿음에는 어떤 설명이나 논리도 필요 없다. 도킨스가 다윈주의 진화론을 훌륭한 이론으로 믿는 이유는, 생명을 이루는 조직화된 복잡성이 단순성으로부터 발생하는 과정을 논리적으로 설명할 수 있는 유일한 방법이기 때문이다. 이는 비단 신앙뿐 아니라 생명의 탄생과 변화를 설명하려고 시도한 모든 다른 이론에 결여된 부분이다. 느리고 사소하지만 점진적이고 누적적인 자연선택의 힘은 천문학적인 불가능성을 해소하고 기적처럼 보이는 사실들을 설명해낼 수 있다. 그것이 바로 진화론이 지닌 '논리적인 힘'이다.

성공적인 복제자? **밈**

도킨스의 이야기를 이해하기 위해서는 진화 과정에서 나타나는 점진적인 변이들이 어떤 방식으로 일어나는지 알아두면 도움이 될 것이다. 즉, 자연에 의해 선택되는 변이들은 어떤 특징이 있으며, 어떤 방식으로 일어나는가?

개체 변이가 어떻게 진화로 이어지는가?

진화를 유도할 수 있는 변이들이 가져야 할 가장 큰 기준은 '유전되어야 한다'는 것이다. 어떤 특이한 변이라도 유전되지 않는다면 단지 그 개체에서만 나타났다 사라지는 일시적인 특성일 뿐이다. 라마르크의 용불용설이 진화의 원리로 채택되지 못한 이유는 개체의 변이가 유전적인 변이로 이어지지 못하기 때문이다. 따라서 진화를 촉발하는 변이들은 유전물질, 즉 DNA상에 그 결과가 고착되고, 특히 생식세포를 통해 그 결과가 유전되어야 한다. 돌연변이가 바로 진화의 중요한 원동력이 됨을 알 수 있다.

돌연변이mutant란 자손에게 그 결과가 전달되는 세포 유전물질의 변화를 의미한다. 돌연변이는 자연 상태에서 유전물질, 즉 DNA의 복제 과정에서 우연히 생겨나는데, 화학물질과 방사선 등 DNA의 구조에 영향을 줄 수 있는 물질들을 처리하면 더 많은 돌연변이가 생겨나기도 한다.

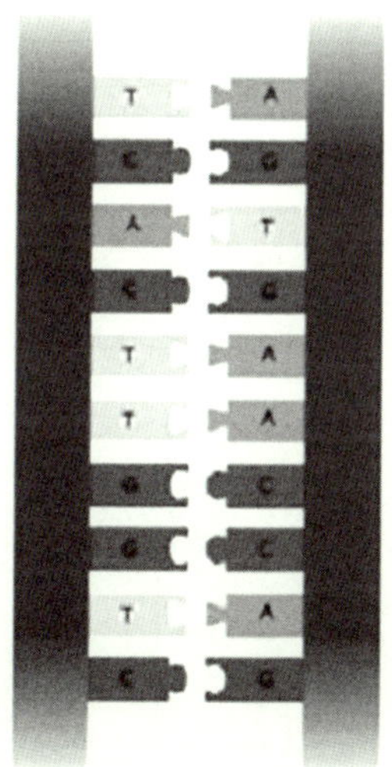
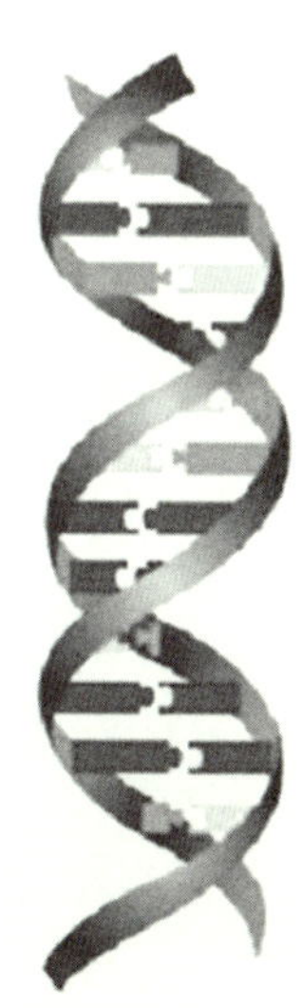

DNA의 기본 구조인 디옥시뉴클레오타이드의 구조, DNA를 구성하는 디옥시뉴클레오타이드는 모두 네 종류가 있는데, 가운데 오각형 당sugar과 인산기phosphate group는 모두 동일하고, 염기nitrogenouse base 부분에 서로 다른 4가지 염기(아데닌, 구아닌, 시토신, 티민)가 하나씩 붙는다.

인간을 비롯한 진핵세포의 DNA는 기다란 두 개의 사슬이 마주 보고 비틀린 이중나선 구조를 가지고 있다. 이때 DNA 사슬의 기본 구조는 오각형의 당과 인산, 그리고 네 가지 종류의 염기 중 하나로 구성된 디옥시리보뉴클레오타이드로 구성되어 있다. 이때 네 개의 염기는 아데닌(A), 시토신(C), 구아닌(G), 티민(T)인데, 각각의 DNA 사슬은 마주보고 있는 염기들의 수소 결합을 통해 연결된다. 이때 A는 반드시 T와, C는 반드시 G와 결합하기 때문에 두 가닥의 DNA 는 상보적으로 연결되기 마련이다.

DNA에서 중요한 것은 디옥시뉴클레오타이드의 종류가 아니라 그들이 지닌 독특한 염기의 배열이다. 그래서 각 디옥시뉴클레오 타이드를 표현할 때 '염기'라는 단어로만 명기하는 경우가 많다. DNA상의 디옥시뉴클레오타이드의 염기 나열은 아무 의미 없는

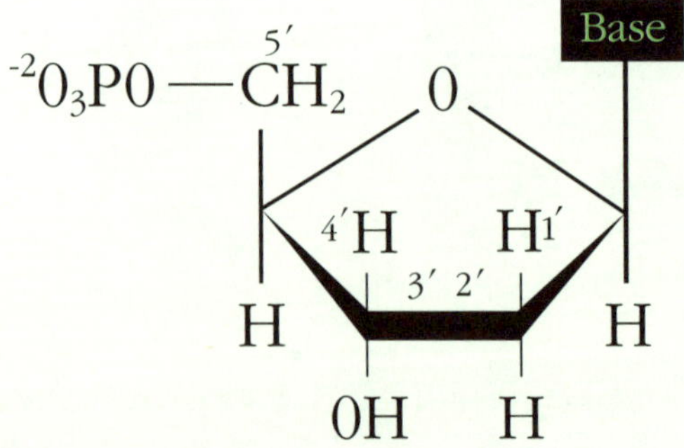

DNA의 기본 구조인 디옥시뉴클레오타이드의 구조.

반복으로 이루어진 부분도 있고, 특정한 단백질을 만들어내는 암호로 구성된 부분도 있다. 이처럼 단백질을 합성하는 정보를 가지고 있는 DNA의 묶음들을 유전자gene라고 하는데, 하나의 유전자를 이루는 DNA는 수십, 수백 개의 염기들의 나열로 이뤄진다. 인간은 DNA 안에 3만여 개의 유전자를 지니고 있는 것으로 알려져 있다.

유전자를 이루는 염기들은 하나가 아니라 세 개가 세트로 되어 기능한다. 이 세 개짜리 염기들의 세트를 '코돈Codon'이라고 하는데, 각 코돈은 하나의 아미노산을 만들어내는 암호로 작용한다. 예를 들어 코돈 TTT는 아미노산의 일종인 페닐알라닌을 만들어내는 암호이며, 코돈 AAA는 리신, CCC는 프롤린, GGG는 글리신을 만들라는 암호로 작용한다. 4개의 염기로 만들 수 있는 코돈의 수는 $4 \times 4 \times 4 = 64$인데, 아미노산의 수는 20개이므로 대부분의 아미노산은 1개 이상의 코돈을 가진다. 예를 들어 코돈 GTT, GTC, GTA, GTG는 모두 발린을 만드는 중복 암호다.

따라서 돌연변이가 일어나려면 유전자에 변이가 있어야 하고, 유전자의 변이는 아미노산의 변이로, 즉 코돈을 구성하는 염기의 변이가 기본이 되어야 한다. 돌연변이는 어떤 염기가 다른 염기로 치환되거나 혹은 기존의 염기가 빠지거나 삽입되는 등의 변화가 있을 때 일어난다. 이때 치환으로 인한 돌연변이[3]는 단 1개의 코돈만 돌연변이가 생식세포에 들어 있을 경우 그 특성은 자손에게 그대로 전달되며. 긴 시간 축적되면 진화의 동력으로 작용한다

변화하기 때문에 상대적으로 영향이 적지만, 염기의 결실이나 삽입의 경우 큰 문제가 된다. 만약 1개의 염기가 빠지거나 삽입되면 그 자리를 기준으로 뒤쪽의 코돈 배열이 모조리 바뀌기 때문이다.

이런 돌연변이는 자연스럽게 나타난다. DNA를 복제하는 복제 효소의 정확도는 매우 높은 편이다. 복제 실수율은 염기 ~10^8~10^{10}회 복제 시 1회 정도이고, 프루프 리딩proof reading이라는 기작을 통

해 실수를 교정하기도 하지만, DNA의 길이가 워낙 길고 또 여러 번 복제되기 때문에 복제 실수로 인한 돌연변이는 세포가 분열을 거듭함에 따라 계속 쌓인다. 이때 돌연변이가 체세포에 나타나면 유전되지 않고 1대로 끝나지만, 정자나 난자 같은 생식세포에 돌연변이가 일어나면 그 특성은 자손에게 그대로 전달된다. 그러나 이렇게 발생하는 돌연변이들은 대개 생물의 생존에 나쁜 영향을 끼치며, 생존에 유리한 돌연변이는 극히 드물게 일어난다. 그러나 극히 드물게 일어나는 돌연변이라도 매우 긴 시간 동안 축적되면 진화의 원동력으로 작동하게 된다.

새로운 복제자, 밈

도킨스는 철저한 무신론자이며 진화론의 옹호자이다. 진화론은 생물의 다양성에 대해 과학적인 해답을 줄 수 있는 유일한 이론이기는 하나, 기존의 믿음과 배치되며 보통의 상식으로는 생각하기 힘든 극소(유전자)와 극대(수십억 년에 이르는 시간)의 문제가 연결되기 때문에 많은 공격을 받아온 것이 사실이다. 특히나 진화론을 반박하는 이들은 유전자의 변이가 동물과 인간의 신체적인 특성을 설명할 수는 있어도, 인간이 지니는 문화적·예술적·심미적 특성까지는 설명할 수 없기 때문에 진화론이 완벽한 이론이 아니라고 주장한다. 이에 대해 도킨스는 문명을 이뤄낸 인간의 특성 역시 진

중세 고딕양식의 대표적 건물인 프랑스의 노트르담 대성당과 영국의 솔즈베리 대성당. 도킨스는 문화에도 '밈' 이론이 적용된다고 주장했다. 고딕양식은 프랑스·영국에서 그 양식이 확립된 후 서유럽 전체로 퍼져나갔다. 도킨스에 따르면 이것은 바로 모방이 한 사람의 뇌에서 다른 사람의 뇌로 전달되었기 때문이다.

화론적인 관점에서 접근할 수 있다며, 이를 『이기적 유전자』에서 '밈meme' 이란 개념을 통해 설명하고 있다.

밈이란 무엇인가? 간단히 말해 밈은 새로운 종류의 복제자이며, 이것이 작동하는 곳은 바로 문화의 수프로 문화의 진화를 이끌어내는 근본적인 존재이다. 즉, 생물학적 유전자처럼 사람의 문화 심리에 영향을 주는 요소다. 도킨스는 '진gene' 처럼 복제 기능을 하는 문화 요소를 그리스어 '미메메mimeme' 에서 찾아내 '밈' 이란 용어로 압축해냈다. '미메메' 에는 '모방' 의 뜻이 들어 있다. 밈의 전달 형태는 유전자가 정자나 난자를 통해 하나의 신체에서 다른 신체로 전달되는 것과 같이 모방을 통해 한 사람의 뇌에서 다른 사람의 뇌로 전달된다. 이러한 전달 과정에서 각각의 밈은 변이 · 결합 · 배척 등을 통해 내부 구조를 변형시키면서 진화한다. 따라서 음악이나 사상, 패션, 도자기나 건축 양식, 언어, 종교 등 거의 모든 문화 현상은 밈의 범위 안에 들어 있으며, 심지어는 한 사람의 선행 혹은 악행이 여러 명에게 전달되어 영향을 미치는 것도 밈의 한 예에 속한다. 만약 독자들이 그의 책을 읽고 이기적 유전자 이론을 받아들이게 됐다면, 그것은 도킨스의 뇌에 있던 밈이 책이라는 중간 매개체를 통해 다른 이들의 뇌로 복제되는 것에 성공한 것이다.

밈은 여러모로 성공적인 복제자다. 성공적인 복제자란 복제의 정확성, 뛰어난 번식력, 긴 생명력이라는 세 가지 조건을 만족시켜야 한다. 이 기준에서 보면 밈은 유전자와 마찬가지로 훌륭한 복제자의 조건을 모두 만족시키며, 때로는 유전자보다 더 훌륭한 복제자의 면모를 보여주기도 한다. 그것이 가능한 이유는 유전자가 DNA라는 구체적 구조물을 대상으로 복제를 거듭하는 반면, 밈은

"현재 지구상에 나타난 밈 중에 가장 강력하고 끈질긴 것은 신이 있다고 믿는 것이다"라고 도킨스는 주장한다.

두뇌를 복제 장치로 이용해 '모방'이라는 형태로 대상을 전달하기 때문이다. 유전자 복제는 직계 자손들에게로만 수직으로 이어지는 반면, 밈의 복제는 모방을 통해 시간적으로만이 아니라 공간적으로도 널리 복제가 가능하다. 때로 강력한 밈의 경우 순식간에 인류 전체의 뇌로 퍼져나가고 자손 대대로 물려지는 것도 가능하다.

도킨스는 현재 지구상에 나타난 밈 중에서 가장 강력하고 끈질긴 밈은 신이 존재한다는 믿음이라고 여긴다. 신의 존재에 대한 믿음 자체를 일종의 밈으로 바라본 것이다. 이처럼 밈은 유전자에 못지않게 강력한 확산력을 지닌다. 다만 유전자 복제의 경우 DNA의 염기서열을 상보적으로 복제하기 때문에 복제가 매우 정확하지만, 밈의 경우 모방을 통하기 때문에 받아들이는 이에 따라 조금씩 다른, 즉 변이를 일으키는 경우가 많다. 그러나 이것이 오히려 밈의 다양성을 보장하는 결과를 가져오기도 한다.

1

다음은 19세기 신학자 윌리엄 페일리의 글이다.

"시계는 제작자가 있어야 한다. 즉 어느 시대, 어느 장소에선가 한 사람, 또는 여러 사람의 제작자들이 존재해야 한다. 그는 의도적으로 그것을 만들었다. 그는 시계의 제작법을 알고 있으며, 그것을 용도에 맞게 설계했다. 시계 속에 존재하는 설계의 증거, 그것이 설계되었다는 모든 증거는 자연의 작품에도 존재한다. 그런데 차이점은 자연의 작품 쪽이 상상을 초월할 정도로, 또는 그 이상으로 훨씬 더 복잡하다는 것이다……"

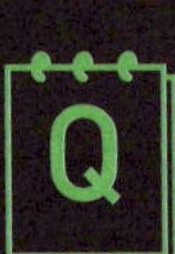
페일리는 시계를 예로 들어 자연은 시계보다 훨씬 더 복잡하고 정교하므로, 이는 우연의 소산일 리 없으며 이를 만들어낸 절대자가 존재할 것이라고 주장했다. 이에 도킨스의 주장을 근거 삼아 페일리의 '자연의 시계공'에 대한 믿음을 반박해보자.

2

19세기 유럽에서는 공업 암화industrial melanism 현상이 일어났다. 산업혁명 이후 급속한 공업화가 진행되면서 원래 흰색을 띠고 있던 점박이 나방이 검은색으로 바뀌는 일이 일어난 것이다. 공업화에 의해 나방의 색이 어두워졌다고 하여 이를 '공업 암화' 현상이라고 부른다. 1766년 시작된 공업 암화 현상은 급격하게 늘어나 1895년경에는 영국 맨체스터 지방의 점박이 나방의 98퍼센트가 검은 나방으로 바뀌었다는 보고가 있었다. 그러나 흰 나방이 완전히 사라진 것은 아니어서, 1962년 이후에는 그 비율이 점점 증가하고 있다.

공업 암화는 다윈의 자연선택을 뒷받침하는 강력한 증거로 제시된다. 나방의 색 변화와 당시 사회 변화를 연관지어 공업 암화 현상이 진화론을 어떻게 증명하는지 설명하라.

『이기적 유전자』

리처드 도킨스 지음 | 홍영남 옮김 | 을유문화사

리처드 도킨스는 자신의 동물행동학 연구를 유전자가 진화의 역사에서 차지하는 중심적 역할에 대한 좀더 넓은 이론적 맥락과 연결시키고자 했는데, 그 결과가 바로 『이기적 유전자』이다. 그는 이 책에서 "인간은 유전자의 꼭두각시"라고 선언했다. 인간이 "유전자에 미리 프로그램된 대로 먹고 살고 사랑하면서 자신의 유전자를 후대에 전달하는 임무를 수행하는 존재"라는 것이다.

이 책은 진화론에 입각해 있지만 기존의 진화 단위를 바꾼다. '개체'가 아닌 '유전자'로 말이다. 인간을 포함한 생명체는 DNA 또는 유전자에 의해 창조된 기계에 불과하며, 그 기계의 목적은 자신을 창조한 주인인 유전자를 보존하는 것이다. 따라서 자기와 비슷한 유전자를 조금이라도 많이 지닌 생명체를 도와 유전자를 후세에 남기려는 행동은 바로 이기적 유전자에서 비롯되었다.

저자의 주장 가운데 특히 주목할 만한 것은 유전의 영역을 생명의 본질적인 면에서 인간 문화로까지 확장한 이른바 밈 이론, 즉 문화 유전론이다. 밈은 저자가 만든 새로운 용어로서 모방을 의미한다. 유전적 진화의 단위가 유전자라면, 문화적 진화의 단위는 밈이 된다. 유전자는 하나의 생명체에서 다른 생명체로 복제되지만, 밈은 모방을 통해 한 사람의 뇌에서 다른 사람의 뇌로 복제된다. 밈은 좁게는 한 사회의 유행이나 문화 전승을 가능하게 하고, 넓게는 인류의 다양하면서도 다른 문화를 만들어나가는 원동력이 된다.

유전자에 의해 결정되는 인간과 학습이나 경험과 같은 후천적 경험을 통해 형성되는 인간 중 어느 것이 인간 본질에 더 큰 영향을 미치는지 곰곰이 생각해보게 한다.

1 기생충과 숙주의 진화는 '붉은 여왕 이론'이라는 새로운 진화 이론을 탄생시키기도 했다. 기생충은 숙주에게 달라붙어 가능한 한 에너지를 많이 빼앗아야 생존에 유리하지만, 숙주는 기생충에게 에너지를 덜 빼앗겨야 생존에 유리하다. 따라서 기생충과 숙주는 서로 상충되는 이해관계 속에 끊임없이 서로를 공격하는 과정을 발전시켜왔고, 이것이 숙주와 기생충 모두에게서 진화를 일으키는 원동력이 되었다. 붉은 여왕 이론이란 루이스 캐롤의 『이상한 나라 앨리스』 시리즈에 등장하는 붉은 여왕의 나라에서 따온 것으로, 이곳에서는 땅이 빠른 속도로 움직이고 있어서 빠른 속도로 뛰지 않으면 뒤로 밀리고 만다. 기생충과 숙주와의 경쟁 역시 이와 같아서 둘 다 빠른 속도로 서로에 대해 대응하지 않으면 도태할 수 있다는 것을 은유적으로 표현한 말이다.

2 원시수프 가설은 밀러의 실험에 의해 유명해졌다. 실험은 간단하다. 커다란 수조 안에 물과 암석을 넣고 초기 지구와 같은 조건(산소는 없고, 메탄, 암모니아, 이산화탄소가 풍부한 대기와 간단한 유기분자들만이 존재하는 상황)을 만들고, 여기에 번개를 대신해 불꽃 방전을 일으키고 강한 자외선을 쪼여주는 것이다. 이 실험 결과 수조 안의 물에는 살아 있는 생물 속에서만 발견되는 유기 분자와 DNA와 RNA를 구성하는 피리미딘 염기와 퓨린 염기, 단백질의 기본이 되는 아미노산 등이 형성된다. 이런 유기물들이 가득 들어 있던 원시의 바다에서 스스로를 복제하는 기능을 가진 생명이 저절로 형성되었을 것이라는 추측이 원시수프 가설이다.

3 치환돌연변이가 삽입이나 결실에 의한 돌연변이에 비해 겉으로 드러나는 형질 변화를 가져오는 경우는 드물긴 하지만, 그렇다고 치환돌연변이가 모두 안전한 것은 아니다. 대표적인 것이 겸상적혈구 빈혈증이라 불리는 희귀한 혈액 질환으로, 적혈구를 구성하는 헤모글로빈의 유전자 중 단 한 개의 염기 돌연변이로 일어난다. 다시 말해 헤모글로빈을 구성하는 아미노산은 모두 146개로 이들은 146개의 코돈, 즉 438개의 염기의 나열로 이루어져 있다. 이중 단 하나의 염기 이상으로 글루탐산이 발린으로 바뀌어도 둥그런 모양의 적혈구가 낫 모양으로 휘어지는 겸상적혈구 빈혈증이 나타나는데, 이는 빈혈, 황달, 심장 비대, 뼈의 이상 등을 일으켜 사망에까지 이르게 하는 무서운 유전 질환이다.

플라톤의 『향연Symposium』에 등장하는 이야기다. 아리스토파네스Aristopanes는 사랑의 본성에 대해 이렇게 말한 바 있다. 멀고 먼 옛날, 우리 선조들은 지금과는 다른 모습으로 살았다. 마치 두 명의 사람을 붙여놓은 것처럼 두 개의 머리와 네 개의 팔, 네 개의 다리를 가지고 있었다. 이들이 바로 안드로진인androgynes으로, 그들은 지금의 인간과는 비교할 수 없을 정도로 강한 힘과 지능을 가지고 있었다. 이들의 숫자가 점점 늘어나자 똑똑하고 힘센 안드로진인들이 신의 권능에 대항하는 일이 늘어났고, 이에 격노한 신들의 왕 제우스가 이들을 둘로 갈라놓았다. 인간은 순식간에 힘과 지능이 절반으로 줄어들었을 뿐 아니라, 서로 붙어 있던 자신의 짝을 잊지 못해 인생을 온통 짝을 찾아 헤매는 데 소비하여 감히 신에게 대항할 엄두도 내지 못했다고 한다.

사람들은 저마다 자신의 반쪽을 찾아 헤맨다. 흥미로운 것은 대부분의 사람이 자신의 반쪽으로 여기는 인물은 자신과 성이 다른 이성異性이라고 여긴다는 점이다. 이렇게 성이 나뉘고 또 둘로 나뉜 성은 각자 짝을 찾아 헤매는 데 온 생을 소비하는 것은 과연 무슨 이유에서일까?

이 책의 제목은 『섹스란 무엇인가What is sex?』라는 다소 도발적인 문장으로 이루어져 있다. 사람들은 섹스라는 단어에서 벌거벗은 남녀의 결합을 연상한다. 그러나 그러한 모습의 섹스는 성의 본질에서 아주 일부만을 의미할 뿐, 전부를 대표하지는 못한다. 이 책의 저자들은 일반 수학 공식과는 다른 섹스의 공식을 통해 우리가 오해했던 섹스의 본모습에 대하여 말하고자 한다.

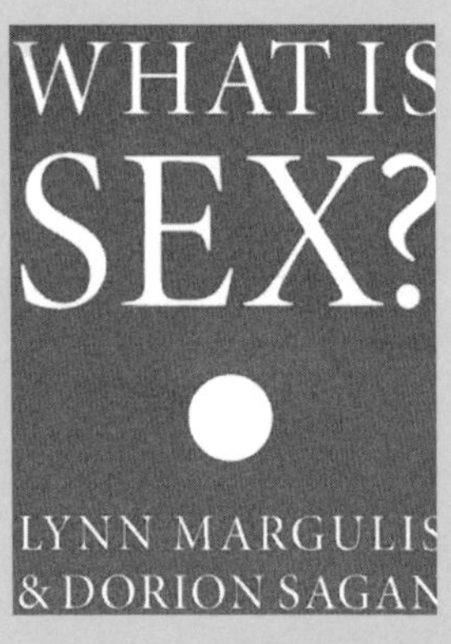

섹스에 대한 오해를 오해를 파헤치다

린 마굴리스 외의 『섹스란 무엇인가』

린 마굴리스와 도리언 세이건은 누구인가?

린 마굴리스Lynn Margulis, 1938~는 생물학자로, 세포 생물학과 진화 연구에 많은 기여를 한 인물이다. 1938년에 태어나 미국 시카고대를 졸업했고, 1963년 버클리대학에서 박사 학위를 취득했다. 그녀의 대표적인 주장은 '세포내 공생 이론'으로 지금까지 투쟁과 약육강식의 장으로만 여겨왔던 진화 과정에 공생과 협력을 통한 공존 개념을 결부시킨 바 있다. 이후 그녀는 미항공우주국NASA의 지구생물학과 화학진화에 대한 상임위원회 의장을 지낸 바 있으며, 지금은 매사추세츠 애머스트에서 교수로 활동하고 있다. 20세기 가장 저명한 천문학자 중 한 사람이었고, 『코스모스』 『악령이 출몰하는 세상』 등으로 잘 알려진 칼 세이건Carl Sagan, 1934~1996의 아내였으며, 그에 못지않은 필력으로 『생명이란 무엇인가』 『섹스란 무엇인가』 등의 저서를 펴냈다.

도리언 세이건Dorion Sagan, 1959~은 미국의 유명한 과학 저술가로, 칼 세이건과 린 마굴리스의 아들이다. 그는 어머니와 공동으로 생명과 성, 진화의 기원을 밝히는 책을 여러 권 집필했으며, 현재 사이언스라이터 사의 공동 경영자로 활동하고 있다.

섹스에는 **특별한 공식**이 있다!

1+1의 값은?

수학에서 1+1은 항상 2의 값을 나타낸다. 그러나 섹스에서는 다르다. 먼저 난자와 정자가 합쳐져 수정란을 형성하는 과정을 살펴보면 난자＋정자＝수정란, 즉 1+1은 다시 1이 됨을 알 수 있다. 이 과정을 개체 수준으로 확대해보자. 남성과 여성이 결합하면 아이가 태어난다. 여기서 1+1은 3으로 변하고 만다. 이처럼 섹스의 공식은 일반 수학과는 전혀 다른 구조를 지니며, 그 값도 때에 따라 달라지기에 우리는 그동안 많은 오해를 할 수밖에 없었던 것이다.

이 책의 저자들은 섹스의 의미를 새롭게 정의한다. 사전적 정의를 보면 성性이란 많은 생물에서 나타나는 두 가지 대립적 표현 형태를 지칭하는 말로, 인간에게 있어서는 남성과 여성을, 그 외 생명체에게서는 암수의 구별을 뜻한다. 반면 저자들은 우리가 기존에 '성'이라고 생각해왔던 것들이 성의 본질에 비춰 보면 극히 일부에 지나지 않는다고 말한다. 이들은 섹스를 생물학적으로 '하나 이상의 개체로부터 유전자를 받아서 새로운 개체를 창출해내는 것'이라는 의미로 사용한다. 즉, 섹스란 모든 생명체가 영속을 위해 끊임없이 유전자를 자르고 붙이고 뒤섞는 행위 전체를 의미하는 포괄적인 개념이다.

섹스는 다양하고 종을 뛰어넘는다

포괄적인 의미에서 지구상의 섹스는 세 가지 종류로 나뉜다.

첫번째는 박테리아를 비롯한 무성생물의 섹스다. 지금까지 무성생물들은 암수의 구별이 없기 때문에 섹스를 하지 않으며, 대신 이분법이라는 무성생식을 통해 자신과 똑같은 개체를 만들어내는 생명체로 알려져왔다. 하지만 박테리아처럼 성이 없는 개체들이라고 해서 유전자의 섞임 자체가 없는 것은 아니다. 박테리아들은 접합^{fusion}을 통해 서로 결합하여 유전자를 주고받은 뒤 다시 떨어지는 행동을 보인다. 이밖에도 박테리아들은 외부에 존재하는 DNA 조각들을 받아들여 자신의 DNA와 결합시키는 형질전환이나, 바이러스에 의해 유입된 DNA를 자신의 DNA와 결합시키는 형질도입, 메인 DNA 이외에 존재하는 플라스미드라는 이름의 고리형 DNA를 주고받는 과정을 통해 유전자를 교환한다.

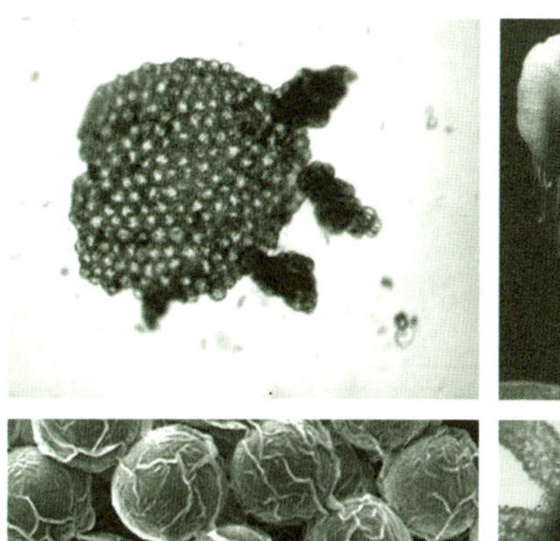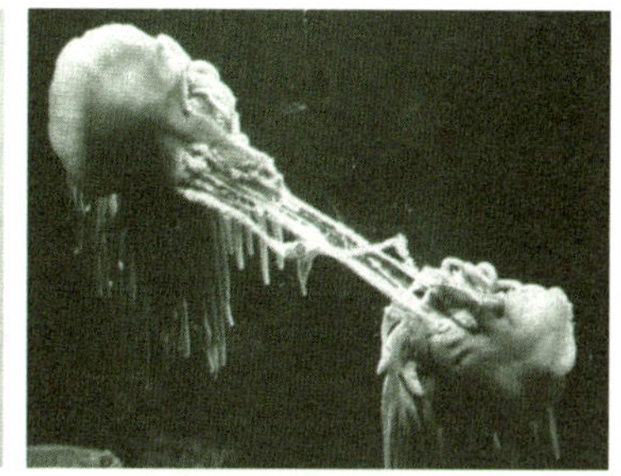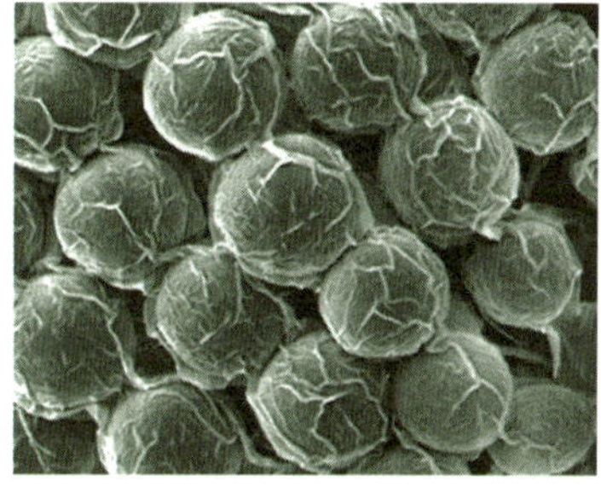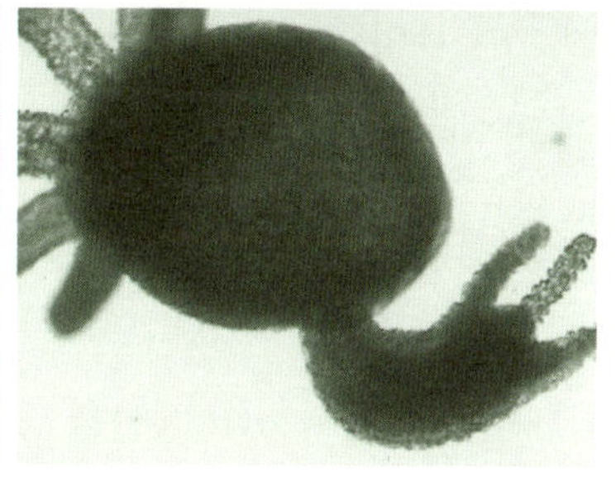

무성생물의 섹스. 암수 구별은 없지만, 고등생물에 비해 훨씬 다양한 형태의 섹스를 빈번히 한다.

　오히려 유전자의 교환이라는 의미에서 본다면 유성생식을 하는 고등생물에 비해 무성생물에서 일어나는 섹스가 훨씬 다양하고 빈번하다. 현재 생물학 실험실에서 '유전자 재조합'이라는 이름으로 시행되는 DNA의 재구성은 새로 만들어낸 것이 아니라, 자연 상태에 사는 박테리아들이 유전적 다양성을 높이는 방법을 그대로 모방한 것이다.

　무성생물들은 이렇듯 인간보다 훨씬 다양한 방법으로 유전적 다양성을 획득한다. 다만 유성생식과 다른 점은 인간처럼 부모를 통해 결합된 새로운 성질이 자식에게 전달되는 것이 아니라, 부모 두 개체가 직접 DNA를 주고받는다는 것이다. 즉, 박테리아는 섹스를 통해 DNA를 교환할 뿐 개체의 숫자가 늘어나지는 않는다. 개체 수는 여전히 이분법 등의 무성생식을 통해 불려나간다. 여기서 섹스는 번식과 별개로 분리되어 있다.

두번째 섹스는 종간의 경계를 뛰어넘는 하이퍼섹스이다. 보통 섹스는 같은 종에서만 이루어지며, 그 결과 부모를 닮은 개체들이 태어나기 마련이다. 그러나 진화상에서 원시 박테리아들은 다른 종으로부터 얻은 유전자도 함께 지니는 새로운 자손을 만들어내기 위해 전혀 다른 종류의 배우자와 영원히 결합하는 과정을 겪은 바 있다. 이런 것이 바로 하이퍼섹스다.

세포 속에서 ATP 생산을 담당하는 미토콘드리아는 과거 독립적으로 살아가던 호기성 박테리아였을 것으로 추정하고 있다. 그러던 어느 날, 이 호기성 박테리아는 산소를 이용할 줄 몰랐던 덩치 큰 발효성 박테리아의 먹잇감으로 꿀꺽 삼켜지고 말았다. 대부분의 경우 박테리아들은 먹잇감을 세포 내부로 끌어

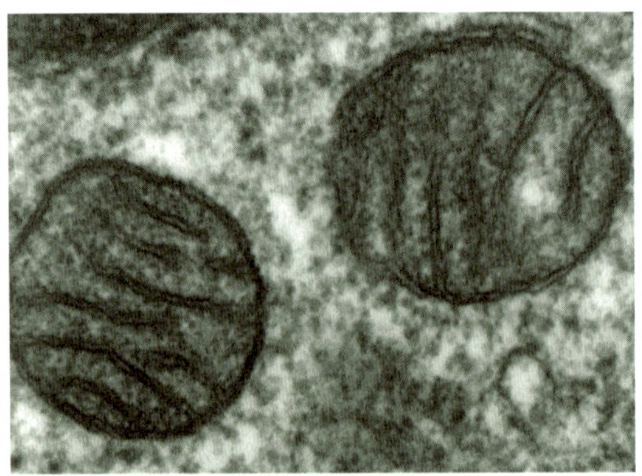

미토콘드리아는 다른 박테리아의 먹잇감으로 삼켜지는 것이 생존에 유리하므로 다른 종과 결합하는 하이퍼섹스를 한다.

들인 뒤 효소로 녹여서 섭취하지만, 어떤 이유에서인지 잡은 먹 잇감이 큰 박테리아 내부에서 생존하는 일이 일어났고, 이 상태 가 각자 단독으로 생활하는 것보다 생존에 더 유리했기에 여기 에 고착된 세포들이 나타나기 시작했다.

　실제로 산소를 이용하여 ATP를 생산하는 경우, 그렇지 않 은 과정에 비해 수 배에서 수십 배의 효율성을 나타낸다. 하지 만 산소를 이용해 ATP를 생산하는 과정에서 부산물로 발생하는 자유 유리기의 존재가 세포에 치명적인 악영향을 미치기 때문 에, 자유 유리기를 불활성화시키는 물질(항산화제)을 가지지 못 하는 경우 산소의 이용은 오히려 개체의 생존을 위협한다. 따라 서 호기성 박테리아를 삼킨 발효성 박테리아는 스스로 ATP를 생성하는 것보다, 호기성 박테리아에게 먹이를 공급하고 거기 서 나오는 ATP를 이용하는 것이 훨씬 더 높은 에너지 효율을 갖 게 된다.

　현재 학자들은 미토콘드리아는 호기성 박테리아에서, 엽록 체는 광합성이 가능한 시아노박테리아에서 유래된 것으로 보고 있다. 이처럼 하이퍼섹스는 한 박테리아의 몸 전체가 다른 박테 리아의 몸속으로 들어가 두 세포가 영구히 한 세포로 변신한 것 이다.

남성과 여성의 결합, 유성생식

　세번째 유형의 섹스는 우리가 잘 아는 것으로, 서로 다른 성을 지닌 두 개체가 생식세포를 결합시켜 새로운 자손을 만들어내는 유성생식이다. 유성생식에서 반드시 전제되어야 하는 것은 감수분열meiosis이다. 감수분열이란 두 조의 염색체를 갖는 세포(2배수체)가 한 조의 염색체를 갖는 세포(반수체)로 나뉘는 세포분열의 과정이다. 감수분열을 거쳐야만 두 생식세포가 결합되는 과정을 거듭하더라도 종의 염색체 수는 일정하게 보존될 수 있다.

　인간에게 있어서 감수분열은 남성의 정원세포가 정자로 만들어지는 과정과 여성의 난모세포가 난자로 변신하는 과정에서 이루어진다. 보통의 체세포들은 분열하기 전에 염색체 수를 평소의 두 배(인간이라면 46개에서 92개로)로 늘리는 과정이 먼저 이루어져야 한다. 따라서 체세포는 한 번 분열한 뒤에 다시 분열하기 위해서는 염색체 수를 늘리는 휴지기를 거치기 마련이다. 그에 반해 감수분열은 두 번의 세포분열이 연달아 일어난다. 따라서 처음의 세포분열에서는 두 배의 염색체를 만들어놓을 시간적 여유가 있지만, 잇따라 일어나는 두번째 분열에서는 그럴 시간이 없어서 염색체 수는 절반으로 줄어들고 만다.

　동물의 생식은 난자와 정자가 합쳐져 만들어진 수정란으로부터 시작된다. 수정란은 배胚를 거쳐 성체로 자라나고, 성체의

하리하라의
과학고전 카페

우리에게 가장 익숙한 섹스의 모습. 성이 서로 다른 두 개체가 만나 난자와 정자를 합쳐 수정란을 배태시킨다.

몸속에서는 다시 난자와 정자가 만들어진다. 즉, 반수체는 수정에서 종말을 고하고 이배수체는 감수분열로 생명을 다하며, 이를 반복함으로써 생명 순환의 사이클이 형성된다. 이 경우 섹스와 번식은 분리되지 않고 같이 움직인다. 물론 인간의 섹스는 예외다.

진화는 **냉혹하지 않다**

진화의 원동력—적자생존인가 공생공존인가

린 마굴리스가 뛰어난 생물학자로 거론되는 것은 진화의 과정에서 기존과는 다른 이론을 제시했기 때문이다. 다윈의 『종의 기원』이 출간된 이후 자연 상태에서 생물의 진화는 환경에 적응한 개체만이 살아남는다는 '적자생존'과 강한 자만이 존재할 수 있다는 '약육강식'의 논리가 지배하는 냉혹한 세계였다. 환경에 적응하지 못한 개체는 도태되며, 스스로의 약함을 극복하지 못한 종은 멸종될 수밖에 없다는 것이다.

이에 반해 마굴리스를 비롯한 최근의 학자들은 진화의 원동력이 반드시 냉혹하지만은 않다고 주장한다. 생명체들은 한정된 자원을 놓고 경쟁하기도 하지만, 때로는 한발 물러서서 협력과 상부상조를 통한 공존이 생존에 더욱 유리하다는 것을 알고 있는 것처럼 행동한다는 것이다. 대표적인 공생생물로는 지의

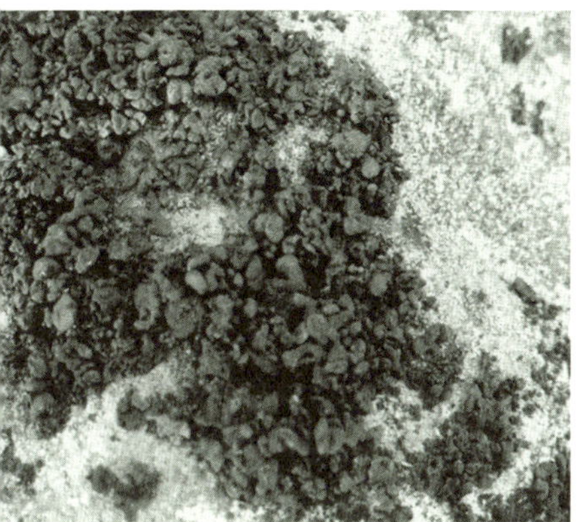

균류와 조류가 함께 어우러져 만들어진 지의류.

류地衣類를 꼽을 수 있다. 얼핏 보기에는 이끼처럼 보이는 지의류는 사실 균류菌類와 조류藻類가 한데 어우러진 생명체이다. 보통 조류는 광합성을 통해 포도당을 합성하고, 균류가 만들지 못하는 비타민 등을 합성하여 균류의 생존을 돕는다. 반면 균류는 공기 중의 수증기를 흡수하여 조류에게 공급함으로써 조류가 공기 중에서도 생존할 수 있도록 하며, 포자의 방출을 돕기도 한다.

지의류의 공생관계는 이 둘을 분리하면 단독생활을 할 수 없을 정도로 서로에 대한 의존도가 강하게 나타나기 때문에 균류와 조류가 합쳐져 진화한 새로운 생물 종이라고 생각될 정도다. 자연계의 생물들을 살펴보면 다양한 수준의 공생관계를 통해 공진화하는 생물들이 종종 발견된다. 흥미로운 사실은 경쟁에 의한 진화에 기우는 학자들이 대부분 남성 과학자인 데 반해

협력에 의한 진화 모델은 주로 여성 과학자들에 의해 제기된다
는 점이다.

"박테리아의 소화불량에서 공생이 시작됐다"

린 마굴리스 역시 협력과 상부상조에 의한 공생진화론을 주
장하는 학자다. 특히나 그녀는 공생이 개체 수준에서뿐만 아니
라, 세포 수준에서도 이루어졌다는 '세포내 공생' 개념을 주장
한 바 있다. 『섹스란 무엇인가』의 내용을 빌리자면, 박테리아들
의 '하이퍼섹스'가 바로 세포내 공생을 의미한다.

인간을 비롯한 거의 모든 다세포 생물과 일부 단세포 생물
들은 핵과 세포 내 소기관을 갖는 진핵세포로 구성되어 있는 반
면, 대부분의 박테리아는 세포질 내에 유전물질과 각종 효소들
이 뒤섞인 원핵세포로 이루어져 있다. 최초의 생명체들은 모두
원핵세포로 이루어진 개체였다. 따라서 원핵세포에서 진핵세포
로 진화한 것은 분명하나, 그 중간 단계의 생명체가 발견된 적
이 없기 때문에 진핵세포의 형성 과정은 오랫동안 과학자들의
숙제로 남겨졌다.

마굴리스는 하이퍼섹스와 공생 개념을 통해 진핵세포의 기
원을 밝히는 훌륭한 모델을 만들어낸다. 그녀는 진핵세포는 '박
테리아의 소화불량에서 시작되었다'는 말을 통해 이 과정을 한
마디로 요약한 바 있다. 지금은 세포 속에서 얌전히 ATP 생산을

담당하는 미토콘드리아는 어느 날 큰 발효성 박테리아의 먹잇
감으로 꿀꺽 삼켜졌다. 이는 흔한 사건은 아니었을 테지만, 이
런 상태를 유지하는 것이 오히려 서로의 생존에 도움이 되었다.
즉, 작은 박테리아는 포식자의 몸속에서 살아감으로 인해 다른
박테리아의 먹잇감이 되는 것을 피할 수 있었고, 포식자는 자신
의 몸 안에 호기성 박테리아를 살려둠으로써 그가 만들어내는
ATP를 이용할 수 있게 된 것이다. 보호와 공물의 교환, 인간에
게서는 봉건영주 시대 영주와 농민들 사이에서 나타나는 계약
관계가 수십억 년 전 박테리아의 몸속에서 이루어진 것이다.

이렇게 서로 완전히 다른 종의 박테리아들이 공존하게 되면
서 이들 유전물질의 대부분이 합쳐져 숙주의 핵 속에 저장되었
고, 여기서 만들어진 진핵세포는 이후 인간을 비롯한 다세포생
물의 세포로 자리잡았다. 가장 순결해 보이는 동물이나 식물들
조차 그들의 세포 속에는 과거 '난잡' 했던 하이퍼섹스의 흔적—
영원한 박테리아적 합병—을 담고 있는 것이다.

하이퍼섹스가 의미 있는 것은 진화적으로 진핵세포의 탄생
은 커다란 분기점이면서, 기존의 진화 원동력—적자생존과 약
육강식—과는 전혀 다른 협력과 공존을 통해 이루어진 과정이
라는 점이다. 처음에 서로 잡아먹히는 약탈적 적대관계에서 시
작한 생물들은 하이퍼섹스를 거쳐 결국에는 불가분한 상호의존
성의 관계로 발전했으며, 이로 인해 더욱 다양한 생물 종의 탄
생이 가능해졌다. 인간의 세포 역시 미토콘드리아를 가진 진핵

세포이므로, 태곳적 박테리아들의 하이퍼섹스의 흔적을 고스란히 지니고 있는 것이다.

남녀의 교합, 섹스

우리는 생식세포의 결합으로 이루어지는 유성생식을 다세포생물의 전유물로 인식하고 있다. 그러나 이런 유성생식의 과정 역시 그 기원은 박테리아의 결합에서 비롯되었다는 것이 마굴리스의 생각이다.

박테리아들은 대개 반수체 상태로 일생을 살아간다. 그러나 수분과 먹이가 부족해지고 환경이 혹독하게 바뀌면 두 마리가 결합하여 이배수체 상태를 이루는 경우가 종종 있다. 마치 '뭉치면 살고 흩어지면 죽는다'는 격언을 알고 있는 것처럼. 예를 들어 클래미도모나스라는 박테리아는 환경이 나빠지면 두 마리가 하나로 결합하는데, 완전한 세포 결합이 이루어지면 접합포자라는 단단한 껍질이 생겨나 세포를 둘러싼다. 이렇게 만들어진 접합포자 박테리아는 매서운 겨울 추위나 건조한 여름 날씨 속에서도 몇 달씩이나 박테리아를 살아 있게 만드는 방패막이가 되어준다. 이배수체로 혹독한 시절을 이겨낸 박테리아는 다시 살기 좋은 계절이 오면 분리되어 반수체의 독립 상태로 돌아가곤 한다. 원래 이들의 짝짓기는 세포 결합을 조장해서 험한 시절을 견디는 박테리아들의 생존 수단이었다. 그러던 어느 순

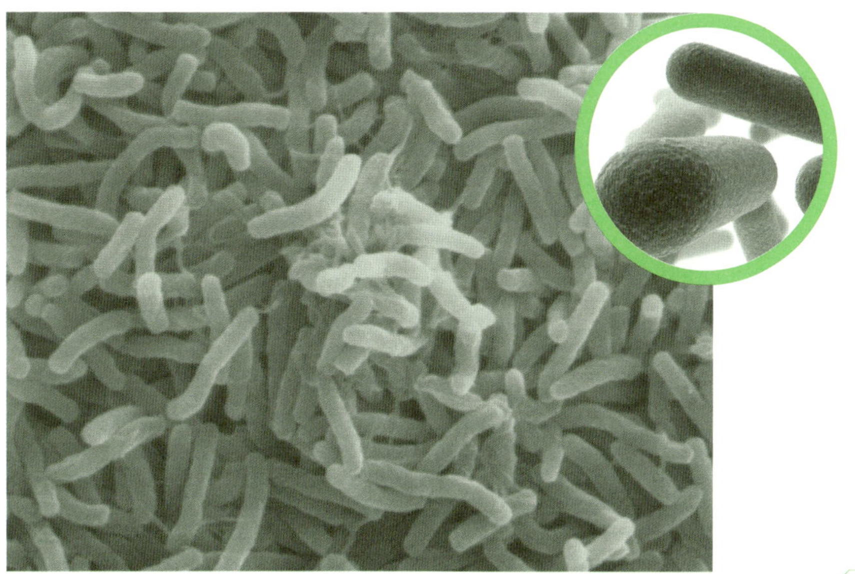

인간사회에서는 봉건영주시대에나 가서 이뤄진 공생관계가 박테리아 몸속에서는 수십억 년 전에 이뤄졌다. 박테리아들의 그물망 이것은 난잡한(?) 섹스의 결과다.

간 세포 결합에 의해 휴면성 구조물을 만들어내는 대신, 이배수체 상태를 그대로 유지하면서—이 편이 훨씬 더 강한 외부 저항력을 가지기에—세포분열이 가능한 상태로 진화되었고, 감수분열은 번식을 위한 수단으로 바뀌었다.

사실 박테리아에게 번식 수단은 체세포분열이며, 감수분열은 일시적으로 이배수체 상태에 있던 개체들이 원래대로 돌아가기 위한 수단일 뿐이었다. 그러나 이배수체로 고착된 세포에게서 체세포분열은 개체의 크기를 늘리기 위한 방법이 되었으며, 감수분열은 번식을 위한 수단으로 자리잡아갔다. 이배수체

세포가 생겨남으로 인해 지구상에는 여러 개의 세포가 한데 모여 하나의 개체를 형성하는 다세포생물이 출현하게 되었다. 따라서 성의 분화와 유성생식의 진화는 다세포생물의 출현과 그들의 존속과 밀접한 관련이 있다. 현재 우리가 주변에서 볼 수 있는 생물들은 대부분 다세포생물이며, 그들의 번식 방법이 대부분 유성생식이기 때문에 우리는 '섹스'라는 단어를 남녀의 교합이나 난자와 정자의 결합을 의미하는 단어로 받아들이는 것이다.

죽음의 키스: 성과 죽음의 관계

낯설게 들릴지 모르겠지만 우리가 늘 겪고 있는 노화와 죽음은 처음 생명이 출현했을 때에는 존재하지 않았으며, 그 이후로도 오랫동안 생물들에게는 낯선 현상이었다. 단세포생물들은 이분법을 통해 번식하는데, 분열 이후에 생겨난 두 개체는 각각 처음의 개체와 다를 바 없는 것으로, 이들에게 있어 하나의 죽음은 별다른 의미가 없다. 노화 역시 마찬가지다. 분열이 계속되면 미생물들 역시 DNA에 손상을 입는데 이 과정을 노화로 볼 수 있다. 그러나 이들은 노화가 시작되면 유성 접합을 시도해 핵을 새롭게 하는데, 접합이 일어나면 생명의 시계는 다시 원점으로 돌아가 째깍거리게 된다. 따라서 이들에게 죽음과 노화는 낯선 일이었다.

늘는다는 것은 인간에게 삶을 되돌이킬 수 없는 것으로 일종의 죄책감조차 들게 한다. 하지만 단세
포생물에게서 죽음과 노화는 낯선 일이다. 이들은 노화의 시작이 곧 새로운 생명의 탄생을 알리는
것이기 때문이다.

이에 반해 다세포 생물의 경우 노화와 죽음은 필연적이다. 유성생식의 가장 큰 특징은 부모가 되는 개체가 변화하는 것이 아니라, 암수로 하여금 서로 짝을 지어 그들 자신과는 다른 제3

프로이트의 말처럼 성과 죽음은 인간의 모든 정신활동의 근원이어서 탄생되는 그 순간부터 뗄레야 뗄 수 없는 관계가 된다.

의 개체—자손—를 새롭게 탄생시키는 것에 있다. 이 경우 유전적 다양성의 의미를 지니는 것은 새로 태어난 개체들이지 부모가 아니다. 이런 결과 만들어진 '1+1=3(혹은 그 이상)'이라는 새로운 공식에서는 부모 세대는 노화를 통해 생체 기능을 잃어가고 결국에는 죽음을 통해 후손에게 살아갈 권리를 넘겨주고 사라져야 하는 일이 생겨난다. 정신분석학자 프로이트가 에로스^{Eros}(성)와 타나토스^{thanatos}(죽음)는 인간의 모든 정신적 활동의 근원이라고 말한 것처럼, 성과 죽음은 탄생되던 그 순간부터 서로 밀접한 연관을 가지고 있었다.

다시 옛날로 돌아가보자. 초기 다세포생물의 형성은 반수체였던 두 미생물의 이배수체 결합에서 시작되었다. 이 상태에서 계속 분열되어 성장하자, 다세포생물의 몸에서는 세부적으로 잘 조절된 자기 파괴와 선택적 성장이 필요해졌다. 독립된 생활을 하던 경우라면 이분법으로 늘어난 개체들이 각자 자신의 생활 터전을 찾아 떠나면 됐지만, 다세포생물의 경우 지나친 세포 성장과 불필요한 증식은 오히려 전체 개체의 생존에 위협이 될 수 있기에 파괴 능력이 필요해진 것이다. 이로 인해 다세포생물의 세포는 무한 증식을 하지 못하도록 진화되었으며, 죽음이란 개념이 새로 등장하게 되었다.

이러한 점 때문에 학자들은 성의 진화를 악마의 거래에 비유하기도 한다. 접합적 성, 즉 감수분열과 수정으로 이루어지는 유성생식은 생물체로 하여금 복잡하고 정교한 다세포성 몸체를 가질 수 있게 했으며, 주변 환경에 대한 적응력과 저항력을 높여 빠른 변화 속에서도 항상성을 유지하여 생명을 영위할 수 있게 해주었다.

성의 미래는?

성의 근본 목적은 재조합recombination에 있다. 언어가 구성되기 위해서는 단어들의 재조합이 필요하듯, 생명체가 존속하기 위해서는 유전자의 재조합이 필요하다. 유전자를 지닌 생물들은 고유의 자손을 만들기 위해 서로 연계하면서 항상 변화를 꾀

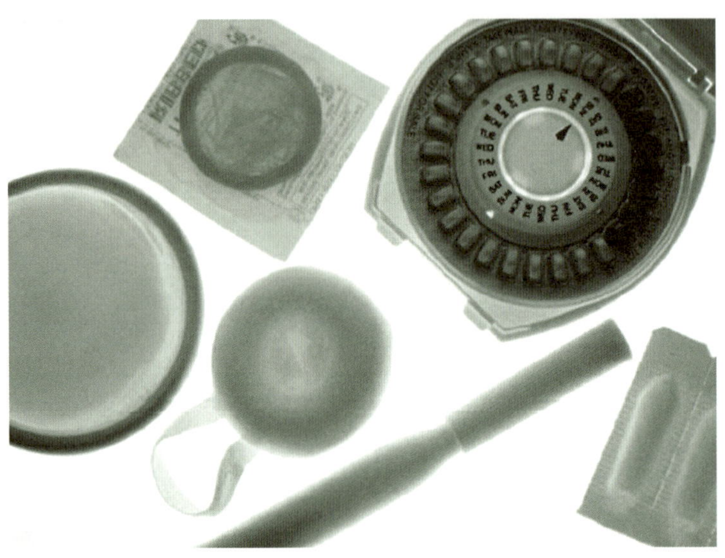

피임 도구들. 인간에게 있어 성적 탐닉과 종의 번식은 분리된 지 오래다. 그리고 이런 현상은 어쩌면 인간이 살아남기 위한 진화의 한 과정일지 모른다.

한다. 성은 이 변화를 일으키는 중요한 수단이 된다. 우리의 성은 다양성을 담보하는 수단이다. 우리는 이처럼 '섞어서 다양하게 만드는 일'이 열역학 제2법칙과 일방적으로 진행되는 시간의 전향성에 부합하는 우주의 기본 성향이라는 사실을 잘 알고 있다.

그러나 최근 인류의 변화 과정을 살펴보면 인류는 이제 스스로의 성sexuality을 재정립하는 과정에 이른 것으로 보인다. 인류에게 있어 성적인 행동의 빈도가 점점 늘어나는 것과는 반대로 이런 행위들이 번식을 담보로 하는 경우는 점점 줄어들고 있기 때문이다. 도대체 인류의 미래는 어떤 방식으로 진화될 예정이며, 여기서 성은 어떤 역할을 떠맡을 것인가?

저자들은 지구의 인구가 증가하면서 우리가 인류 집단을 재조직하고 있다고 생각한다. 가장 대표적인 변화는 성을 번식으로부터 분리시키고 있다는 점이다. 이는 인류를 제외한 그 어떤 다세포 생물 종에서도 볼 수 없는 독특한 행동이다. 갖가지 피임 수단의 발달과 불임률의 증가, 동성애와 복제 기술의 대두, 포르노를 통한 대리만족과 사이버 섹스의 도입은 섹스로부터 임신의 가능성을 완전히 배제한 채 성적 탐닉에 빠져들게 한다. 그러나 이들은 이런 현상을 인류의 타락으로 보지 않는다. 먼 옛날 단세포생물들이 다세포생물로 성장할 때, 생물들은 마구잡이로 세포의 숫자를 늘린 것이 아니라 헤이플릭 한계와 세포

동성애 역시 생식이나 종의 번식과는 관계없이 이뤄지는 인간의 성 행위다. 저자들은 이런 현상을 인류의 타락으로 보지 않고 생물학적으로 이해한다.

자살을 통해 일정한 수준에서 스스로를 통제했고, 이러한 절제를 통해 오히려 다세포생물은 종의 탄생과 존속을 보장받을 수 있었다. 따라서 저자들은 번식을 배제한 섹스의 증가가 과도한 인구 성장을 회피하면서 지구라는 한정된 생물권 속에서 보다 잘 적응할 수 있는 방향으로 진화하는 것일 수도 있다고 보는 것이다.

세포의 생^生과 소멸

단세포생물은 충분한 먹이와 공간만 확보되면 얼마든지 분열이 가능하다. 반면 다세포생물의 경우 세포 분열 시 엄격한 통제와 규제가 나타나며, 때로는 스스로 자신의 세포 일부를 죽이는 현상까지도 관찰된다. 이는 다세포생물은 개개 세포의 생존보다는 전체 개체의 생존을 우선시하므로 개체의 원활한 생활을 위해 스스로를 파괴하는 데 서슴지 않는 것이다.

세포의 자살 행위 – 아포토시스

보통 세포들은 외부 충격으로 상처를 입거나 ATP의 공급이 부족해지면 파괴됨으로써 죽음을 맞이한다. 이러한 죽음은 필연적인 것이 아니기 때문에 상처가 회복 가능하거나 ATP가 충분히 공급되면 방지할 수 있다.

그러나 아무런 충격이나 위해 없이도 세포들은 마치 자살이라도

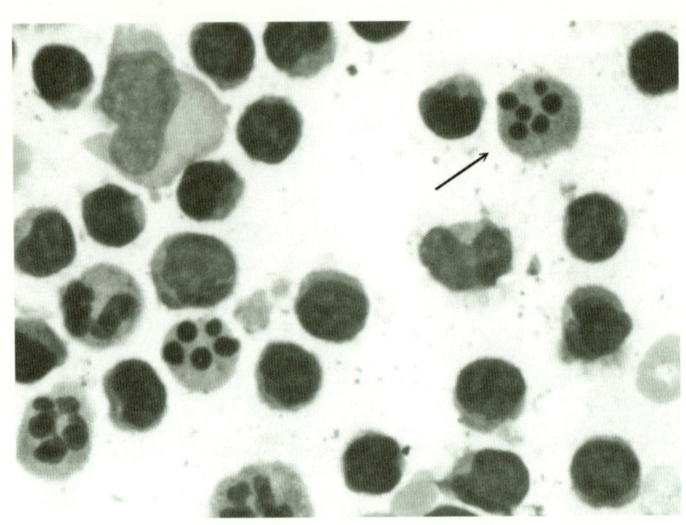

세포가 자살하는 장면. 개체의 정상성을 유지하기 위해 일부 세포들은 자발적으로 죽음을 맞이한다.

하는 양 저절로 죽는 경우가 종종 발견된다. 이를 아포토시스apop-
tosis(세포 자살)라고 하는데, 아포토시스는 회피할 수도 없을뿐더러
정상성을 유지하기 위해 유성생식을 하는 개체에 반드시 필요한 행
위다. 모든 유성생식을 하는 생물체의 세포들은 그 자신의 성장에
스스로 자연적인 제약을 받는다. 대표적인 아포토시스는 태아의 손
과 발에서 일어난다. 인간의 손과 발은 태어날 때는 다섯 가닥으로
나뉘어 있지만, 처음 발생할 때는 마치 오리의 물갈퀴처럼 한꺼번
에 붙어서 자라난다. 그러다가 특정 순간이 되면 물갈퀴 조직이 사
라지는데, 이는 물갈퀴 부분에 존재하던 세포들이 스스로 죽음을

택하기 때문에 일어나는 현상이다.

아포토시스가 일어나는 과정은 매우 평화롭다. 먼저 죽음에 대한 지침이 세포핵의 DNA에서 세포질로 전달되면, 세포질의 리보솜에서는 스스로를 분해하는 단백질을 생성함으로써 DNA를 잘게 조각내고 세포가 서서히 쪼그라들어 생명활동을 멈춰버린다. 완전히 쪼그라들기 전에 아직 쓸모 있는 물질들은 세포막 주머니에 담아 주변 세포에게 나눠주는 이타적인 행동을 보이기도 한다. 마치 천수를 누린 노인이 가진 것 모두를 주위 사람들에게 배푼 후 조용한 죽음을 맞이하는 것과 흡사하다.

헤이플릭 한계는 왜 나타나는가?

보통의 세포는 무한정 증식하지 않는다. 자랄 만큼 자란 뒤에는 아포토시스에 의해 평화로운 죽음을 맞는다. 1961년 미국의 생물학자 레너드 헤이플릭Leonard Hayflick, 1928~은 인간의 섬유아세포fibroblast, 섬유성 결합조직을 형성하는 세포로 피부에 많다를 이용한 실험을 하던 중, 아무리 이상적인 조건하에서 배양을 하더라도 일정 시간이 지나면 더이상 분열하지 않고 죽어버리는 현상을 발견한 바 있다. 흥미로운 것은 세포분열의 횟수와 채취한 대상의 연령이 관계있다는 것인데, 태아에서 채취한 섬유아세포는 70~80회, 성인에게서 추출한 섬유아세포는 30~40회 정도 분열한 이후 세포분열이 정지했다. 태아의 섬유아세포를 30회 정도 분열시킨 뒤 액체 질소(영하 197도)에 수년간 냉동 보존한 뒤에 다시 해동해도, 역시 40~50회 정도 더 분열하여 원래의 분열 횟수를 채우고 나면 더이상 분열하지 않았다.

이후 정상적인 세포에는 일정한 분열 수명이 있고, 정해진 횟수를 다 채우고 나면 더이상 분열하지 않는다는 것을 발견한 사람의 이름을 따서 '헤이플릭 한계Hayfilck Limit' 라고 부르게 되었다. 헤이플릭 한계는 인간이 아무리 좋은 조건과 이상적인 환경에 놓이게 되더라도 결국 일정한 수명의 한계가 존재한다는 것을 의미한다. 70대 노인의 섬유아세포의 경우에도 20회 정도 분열을 하기 때문에, 인간의 최대 수명은 길어야 120~150세 정도라고 추측되긴 하지만, 그래도 한계가 있는 것은 분명하다.

정상세포에는 수명이 있고, 정해진 횟수 외에 더이상 세포분열이 일어나지 않는다는 것을 발견한 헤이플릭.

세포는 왜 헤이플릭 한계를 나타내는가? 그건 우리가 가지고 있는 DNA의 구조와 복제 방향(5′→3′쪽, 즉 한쪽 방향으로만 합성 가능한 효소 체계)의 구조적 한계 때문이다. 인간의 DNA는 두 가닥의 긴 끈이 나선형으로 얽힌 구조로 되어 있다. 세포가 두 개로 분열할 때는 이 DNA 역시 두 배로 불어나야 하는데, 이때 DNA를 복제하는 과정에서 문제가 일어난다. DNA는 구조상 방향성을 갖는데, 한쪽 끝을 5′five prime, 다른 쪽 끝은 3′three prime이라고 칭한다. 문제는 우리가 가지는 DNA 합성 효소DNA polymerase는 한쪽 방향(5′→3′)으로밖에는 DNA를 합성하지 못한다는 것이다. 게다가 반드시 합성 시작 부위에는 프라이머primer라고 부르는 합성 시작 물질이 필요하기도 하다. DNA는 양쪽 방향으로 뻗어나간 두 가닥인데, 효소는 한쪽 방향으로밖에 작용하지 못하기 때문에 두 가닥의 DNA 중 한 가닥은 문제가 없지만, 다른 쪽 가닥은 거꾸로 된 방향으로 조금씩 합성해서 갖다 붙여야 하는 어려움을 겪는다.

이런 과정에서 작은 조각들을 이어 붙이는 쪽에서는 한 번 분열할 때마다 DNA 끝부분이 조금씩 잘려나가게 된다. 이런 과정이 되풀이되다보면 DNA는 세포가 한 번 분열할 때마다 조금씩 짧아질 수밖에 없다. 만약 이 부위에 중요한 유전인자라도 들어 있다면 치명적이기 때문에 생명체는 이 문제를 극복하기 위해 DNA 끝부분에는 별달리 중요하지 않은 부분을 위치시켜두었다. 이 부위를 텔로미어telomere라고 하는데 텔로미어는 중간에 존재하는 중요한 유전

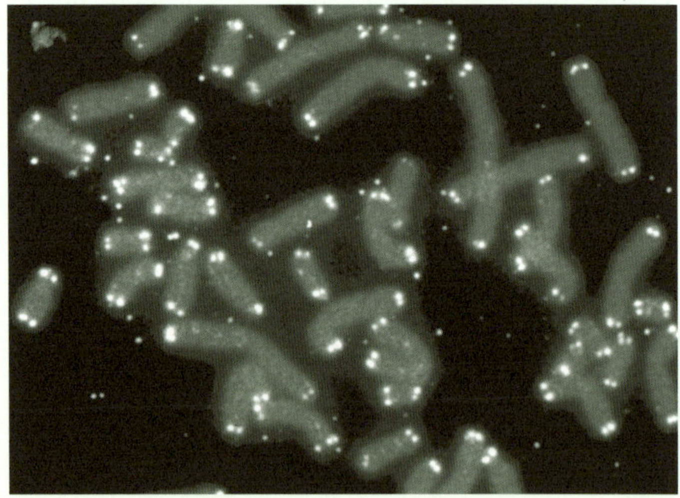

DNA의 끝부분에 위치한 텔로미어.

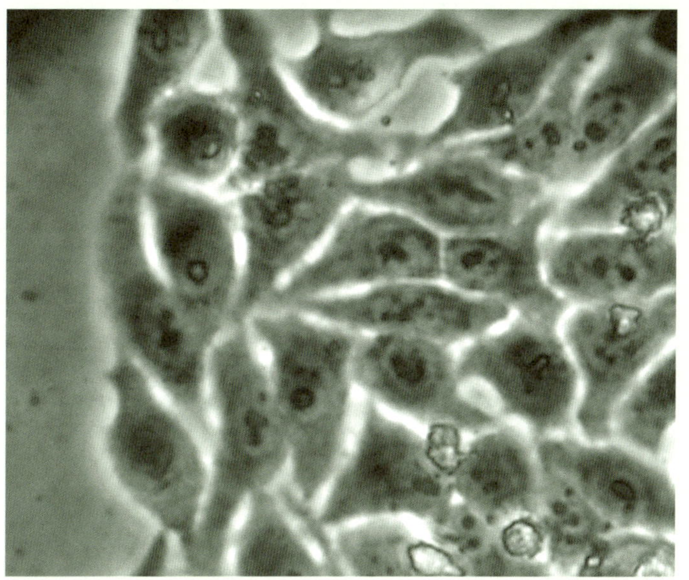

암세포의 위력을 증명한 헬라세포.

자들의 손상을 막는 작용을 한다. 세포가 여러 번 분열하여 텔로미어의 길이가 위험 수준으로 짧아지면, 세포는 더이상 분열하지 않고 죽음을 맞이한다. 그리고 이것이 바로 헤이플릭 한계가 나타나는 원인이다. 박테리아 같은 미생물들이 끊임없이 분열을 거듭할 수 있는 이유는, 박테리아의 DNA는 선형이 아닌 원형circular form이라서 방향성을 갖지 않아 아무리 분열을 거듭해도 DNA가 짧아지지 않기 때문이다.

죽지 않는 세포

그러나 이렇게 한계를 지닌 인간의 세포 중에도 끊임없이 죽지 않고 번식하는 세포가 있다. 대표적인 것이 바로 암세포다. 암세포에게는 텔로미어의 길이를 짧아지지 않게 만드는 효소인 텔로머레이즈telomerase가 있어 텔로미어의 길이를 유지해주기 때문에 분열에 분열을 거듭하여 주변 세포를 침범해버리게 마련이다.

죽지 않는 암세포의 위력은 헬라세포를 통해 증명되었다. 이 세포는 전 세계 생물학 실험실에서 가장 많이 사용되는 것 중 하나다. 헬라세포는 1951년 헨리에타 랙스라는 여성의 자궁에서 떼어낸 암세포에서 시작되었다. 그녀는 점점 퍼지는 암세포로 인해 그해를 넘기지 못하고 사망했지만, 그녀의 몸에서 떼어낸 암세포는 죽지 않고 세포분열을 거듭했다. 헬라세포는 시간이 지나도 죽기는커녕 너무나도 잘 자라서 수십 년이 지난 현재, 전 세계 거의 모든 실험실에서 이 세포를 이용해 실험을 할 정도로 널리 퍼져 있다.

1

……앨리스는 숨이 턱에 닿도록 달려서 말조차 나오지 않을 정도였다. 그런데 대단히 기이한 일은 그들 주위를 에워싸고 있는 나무와 사물들이 전혀 그 위치를 바꾸지 않는 것이었다. 앨리스는 여전히 숨이 찼지만, 간신히 말을 이었다.

"우리나라에서는 우리가 지금 하고 있는 것처럼 그렇게 빨리 오랫동안 달렸다면 지금쯤 어딘가에 도착했을 텐데……."

그러자 하트의 붉은 여왕이 말했다.

"그것 참 느려터진 나라로군. 이 나라에서는 제자리를 지키기 위해서라도 네가 할 수 있는 최대로 달려야만 해. 만약 네가 어딘가에 도달하고자 한다면 적어도 지금보다 두 배는 더 빨리 달릴 수 있어야만 해."

위의 이야기는 루이스 캐롤의 『이상한 나라의 앨리스』에 나오는 일화다. 생물학자들은 항상 뛰어야만 현상을 유지할 수 있는 붉은 여왕의 나라의 특성에 착안하여, 생명이란 끊임없이 변화하는 환경에 적응하기 위해 항상 진화에 진화를 거듭해야 하는 존재로 규정했다. 이를 '붉은 여왕 가설Red Queen Hypothesis' 이라고 한다. 붉은 여왕 가설은 성sexuality이 생물학적 다양성을 더욱 증진시킨다고 본다. 과연 성적 분화가 생물학적 다양성을 증진시키는 데 가장 큰 영향력을 발휘할 수 있는지 본문을 참조하여 논하라.

2

……에너지가 분자들 사이에서 역학적으로 분포하려는 경향이 있다는 것이 유명한 열역학 제2법칙의 근간이 된다. 이 법칙에 대해서는 갖가지 설명이 존재하지만, 그 모두는 격리된 시스템에서는 엔트로피가 증가할 것이라는 개념을 담고 있다. 따라서 열은 뜨거운 것에서 차가운 것으로, 분자는 높은 농도에서 낮은 농도 쪽으로 확산한다. 평형 상태를 향해서 움직이는 시스템은 그것이 지탱될 수 있는 조건과 양립되는 가장 무질서한 분자 상태를 표방한다.

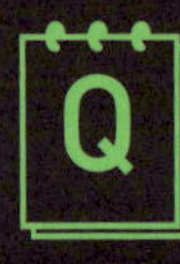

위의 글은 조지메이슨대학의 열역학자 해럴드 모로비츠Harold Morowitz가 말한 열역학 제2법칙에 대한 글이다. 위의 글과 책 본문을 참조하여, 생물의 다양한 진화 과정을 열역학 제2법칙과 연관지어 설명하라.

『생명이란 무엇인가』

린 마굴리스 · 도리언 세이건 지음 | 황현숙 옮김 | 지호

인류의 가장 오래된 수수께끼 가운데 하나인 '생명이란 무엇인가' 에 대해 과학적이면서도 철학적으로 탐구한 책이다. 저자는 생명체가 서로 배척하기보다는 오히려 공생하면서 환경에 더 잘 적응해간다고 주장한다. 진화론에 대한 과학적인 설명은 물론 환경 친화적인 삶, 나아가 공생의 철학까지도 짚어주기 때문에 생명의 기원과 성의 진화에 대한 궁금증을 풀 수 있다.

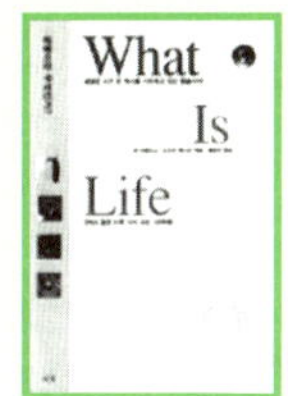

『휴머니즘의 동물학』

비투스 드뢰셔 지음 | 이영희 옮김 | 이마고

독일에서 가장 유명한 동물 행동학자이자 심리학자로 널리 알려진 저자는 우리가 알고 있는 동물에 대한 상식이 잘못되었다는 점을 지적한다. 그는 200여 종의 동물에 대한 연구를 바탕으로, 동물들의 일반적인 생존 전략은 약자에 대한 강자의 승리가 아니라 사회적 연대와 협력임을 다양한 예를 들어 설명한다. 또한 동물의 언어능력을 둘러싼 찬반양론, 공동체를 유지시키는 본능인 수치심, 자연스러운 부성애의 존재, 우두머리 동물의 행동에 대한 새로운 견해 등 다양한 내용을 통해 인간보다 더 '인간적인' 동물들의 사회를 소개한다.

연구소에서 일할 때였다. 연구 과제를 새로 설정하면서 사람의 간세포가 필요한 실험을 하게 되어서 세포주cell line, 불멸화된 세포를 판매하는 ATCC 사의 홈페이지에서 카탈로그를 뒤지고 있었다. 마침 적당한 세포주를 몇 종류 발견하여 주문을 하고, 항공 택배로 냉동된 세포주를 받아 여느 때처럼 배양접시에 배양했다. 같이 딸려온 설명서를 실험 노트에 붙이고 정리하던 순간, 우연히 세포의 기원origin에 눈이 갔다. '2세 된 여아의 간암 조직에서 떼어낸 세포'라는 건조한 설명이 붙어 있었다. 한때는 누군가의 신체 일부였던 조직을 나는 돈을 주고 구입했던 것이다.

인간은 오래전부터 인간 자신을 매매 대상 품목으로 다루어왔다. 노예의 존재는 함무라비 법전에도 명시되어 있을 만큼 오래된 악습이다. 전쟁이 끝나면 패한 쪽에 속했던 이들은 하루아침에 인격을 부여받지 못하는 노예가 되어 시장에 전시되었고, 값을 치른 이에게 마소처럼 팔려갔다. 또한 '몸을 팔아서' 살아가는 사람들도 동서고금을 막론하고 존재해왔다. 그러나 21세기를 살아가는 현대인의 인체는 다른 방식으로 팔려나간다. 현대의 인체 시장에서는 인간 자체가 아니라, 인체의 조각들이 팔리고 있다. 인간의 사체나 인체를 조각낸 일부—수술 시 잘리는 각종 조직, 정자와 난자 및 수정란, 탯줄과 태반, 장기, 피와 뼈, DNA까지-가 무게로 달리고 개수로 셈해져 팔리는 것이다. 인체를 복잡한 단백질 덩어리의 일종으로 보는 시각과 생명공학의 발전은 이처럼 인체를 쇠고기처럼 시장에서 팔릴 수 있는 대상으로 변모시키고 있다.

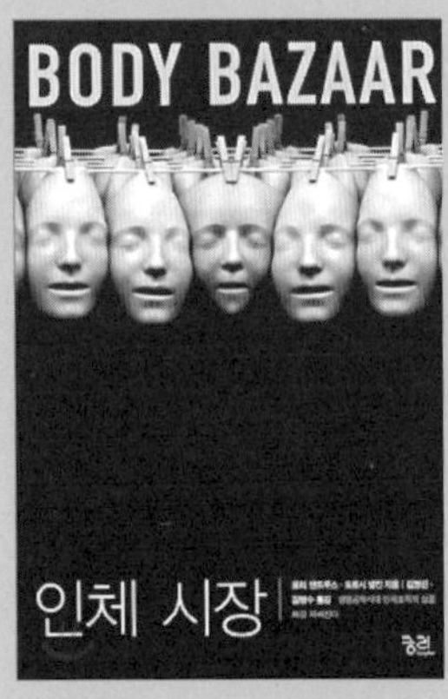

"SALE ON ALL BODY PARTS"

 도로시 넬킨 외의 『인체 시장』

도로시 넬킨과 로리 앤드류스는 누구인가?

넬킨Dorothy Nelkin, 1933~2003은 미국의 과학사회학자로, 뉴욕대 법대 및 사회학과 겸임교수를 지냈다. 그녀의 학문적 바탕은 과학 · 기술 · 사회를 아우르며, 이를 대중에게 알리는 데 앞장섰다. 1980년대까지는 과학 논쟁과 과학 언론을, 1990년대부터는 생명공학과 사회적 문제를 다룬 책들을 썼다. 주요 저서로는 *Selling Science*(1995), 공저로는 *The DNA Mystique*(1995) 등이 있다. 강의와 저술 등 활발한 활동을 펼치던 넬킨은 2003년 암으로 세상을 떠났다.

로리 앤드류스Lori B. Andrews는 1978년 예일대 법대를 졸업하고 현재는 일리노이 공과대학 과학 · 법률 및 기술 연구소 소장이자 시카고 켄트 법대 교수로 재직하고 있다. 미 의회, 세계보건기구WHO, 미 국립보건원NIH에서 생명공학 자문을 맡고 있으며, 저서로는 *The Clone Age*(1999), *Future Perfect*(2001) 등이 있다.

인간의 몸을 향한 시대의 시선

한갓 '대상'으로 전락한 인간 신체

생명공학의 발전은 인간의 몸을 새로운 시각으로 바라보게 만들었다. 생명공학 시대에 접어들면서 우선 사람의 몸은 새로운 방식으로 의미를 전달한다. 먼저 머리카락, 혈액, 침처럼 흔히 버려지는 신체 조직이 DNA 검사에 노출되면 한 개인에 관한 정보를 상세하게 드러낼 수 있다. 어딘가에 떨어진 머리카락 한 올은 DNA 검사를 통해 범죄를 저지른 범법자를 찾아내는 유용한 도구가 될 수도 있지만, 머리카락에서 얻은 유전 정보는 보험 회사에 전달되어 특정 질병에 걸릴 위험이 높은 사람들을 걸러내는 역할을 할 수도 있다. 나의 유전 정보는 이제 나만의 것이 아니라 공공의 정보가 되어 이해관계에 얽히게 된다.

둘째, 생명공학 시대에는 인간의 신체 조직이 새로운 가치를 지니게 되었다. 의사나 연구자들은 인간의 몸을 하나의 '프로

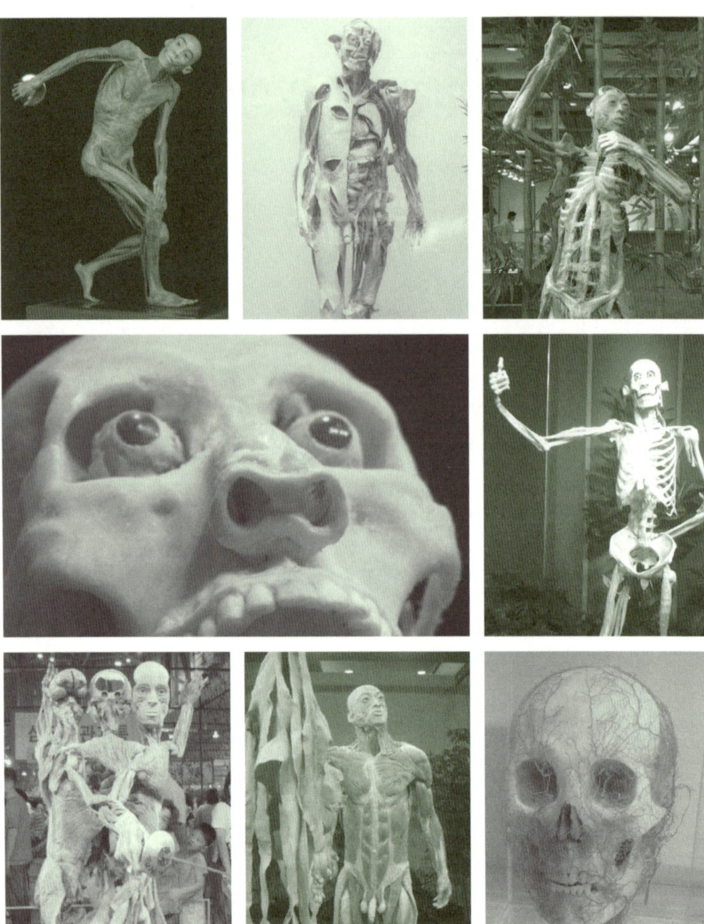

'인체의 신비전'에 전시된 진짜 인간의 신체들. 이 전시를 통해 알 수 있듯이, 인간의 몸은 교환 거래 대상일 뿐 아니라, 전시 가치를 지닌 물건이기도 하다.

젝트' 내지는 '연구 대상'으로, 즉 분자 수준으로 분할해 분석할
수 있는 시스템으로 본다. 이제 몸의 일부를 '판다'는 개념은 매
매춘에서만 사용되는 단어가 아니다. 세포·배아·조직은 냉동
되어 은행에 저장되고, 특허가 출원되며 매매 대상이 되고 있다.
또한 인간의 일부뿐 아니라, 인간의 몸 자체가 하나의 전시품이
되기도 한다. '인체의 신비전'에서 보이는 방부처리된 시신들은
현대사회에서 인간의 몸이 얼마나 물화物化된 존재로 받아들여지
는가를 단적으로 보여준다.

인간의 몸, 거래되다

'살아 있는 몸'은 오래전부터 시장에 내다 팔 수 있는 실체
였다. 운동선수, 모델, 창녀, 대리모 등은 모두 자신의 몸을 시
장에서 거래해왔다. 그러나 이들의 경우 '신체'와 '마음'을 분
리할 수 없었기 때문에 그들이 시장에서 파는 것은 '몸으로 제
공할 수 있는 서비스 혹은 대리만족 가치'였지, 피와 살로 이뤄
진 몸 그 자체는 아니었다. 그런데 최근에 생겨난 인체 시장에
서는 살아 있는 몸 전체가 아니라 파편화된 조직들이 거래되고
있다. 몸의 일부가 살아 있는 신체에서 떼어져 거래되는 것이
어떤 문제를 야기할까?

여기에 답하기 위해서는 먼저 몸에 대한 의미를 정립해야
한다. 인간의 몸은 공리주의적 사물 이상의 그 무엇이다. 그것은

사회적 · 제의적 · 은유적인 신체이고, 유일하게 자신의 소유라고 부를 수 있는 것이다. 우리의 몸과 몸을 이루는 부분들은 관념, 이미지, 문화적 의미, 개인적 연관 등으로 겹겹이 둘러싸여 있다. 이런 상황에서 몸을 사물의 지위로 격하시키고 탈맥락화시켜 개인의 의견에 상관없이 신체 조직을 추출하고 특허를 내는 것이 가능해지면, 이것은 사회적 가치와 개인의 믿음을 함부로 다룰 위험을 야기한다. 몸은 단지 근육과 뼈로 이루어진 고깃덩이가 아니라, 그 몸을 가진 사람이 살아온 인생임을 감안할 때, 신체 조직의 거래는 개인의 인생을 무시하고 그를 단지 거래 대상으로만 보는 시선을 가져오기 때문이다. 이런 점을 염두에 두고 이 책에 나오는 나오는 인체 시장의 다양한 거래 품목들을 살펴보면서, 이것이 왜 우려할 만한 일인지 생각해보자.

인간, **걸어다니는** 생산 **공장**

우리는 흔히 신체의 일부를 판매한다는 말을 들으면, 매혈賣血이나 음성적인 장기 이식만을 떠올린다. 그러나 인체의 일부는 놀랄 만큼 다양하게 팔리고 있다.

신체, 탐나는 고가의 자원

인간의 몸은 그 자체로 훌륭한 생산 공장이 될 수 있다. 테드 슬래빈의 경우가 그랬다. 슬래빈은 불행하게도 수혈을 통해 간염 바이러스에 감염되었다. 수혈을 통한 감염, 그러나 그 불행이 그에게는 전화위복의 계기가 되었다. 다행히도 그의 몸속에서는 간염 바이러스에 대항하는 항체가 생성되었던 것이다. 그것도 남들보다 매우 높은 수준으로 말이다. 이때부터 그의 혈액은 희귀하고 탐나는 자원이 되었다. 인위적으로는 합성하기 힘든 간염 바이러스에 대한 항체가 그의 몸속에서는 저절로 만

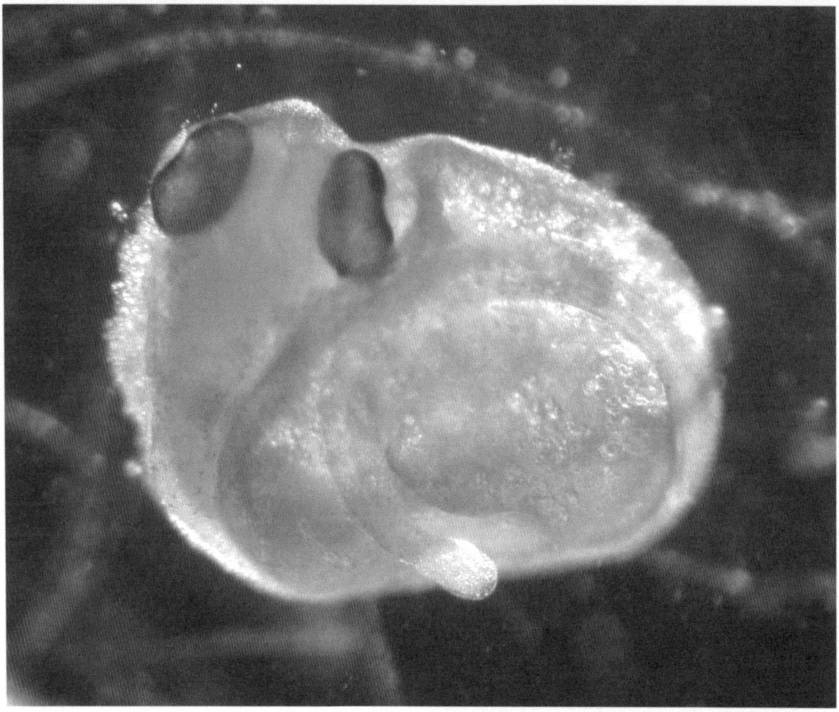

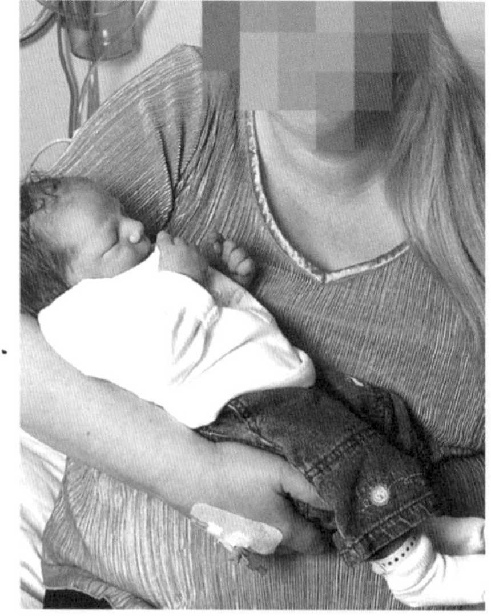

우리 몸 중 가장 큰 가치를 지니는 부분은 어딜까? 여성은 생산력을 지니기에 일찍이 상품이 되어버렸는데, 그중에서도 생식세포(위의 사진)는 대표적인 물품으로 자리잡았다. 여성은 이제 자신의 자궁을 타인에게 임대할 수 있다. 아래는 외국의 한 대리모의 모습.

들어졌기 때문에, 그의 피는 간염 진단 시약 생성에 이용될 수 있었다. 혈우병 환자여서 치료비가 많이 들었던 슬래빈은 처음에는 병원비를 부담하기 위해 자신의 혈액을 간염 진단 시약을 개발하는 회사들에게 팔기 시작했다. 곧 이 사업이 하나의 블루오션이 될 수 있음을 깨달은 그는, 특이한 혈액 특성을 가진 사람들로부터 혈액을 수집해 파는 에센셜 바이올로지컬스Essential Biologicals라는 회사를 설립했다.

슬래빈은 인체의 일부가 경제적 가치를 지닐 수 있다는 것을 일찌감치 깨달은 인물이다. 원유 값은 최근 들어 급등했음에도 1배럴에 100달러를 넘는 선이지만, 같은 양의 정제된 혈액 제품은 6만 달러가 넘는 가치로 평가된다. 슬래빈은 조금 특수한 경우이지만, 신체의 일부는 이미 시장에서 거래되는 물품으로 자리잡았다. 대표적인 경우가 생식세포와 대리모 시장이다. 요즘은 체외수정 기술이 발달하면서 배우자 외에 다른 사람의 생식세포를 이용해 성관계 없이도 아이를 얻을 수 있는 길이 열렸다. 체외수정이 보편화되자 이왕이면 더 좋은 생식세포를 이용하려는 '수요'가 생겨났고, 이에 대해 차별화된 생식세포를 '공급'하는 사람들이 생겨났으며, 이로 인해 순수한 목적의 생식세포의 '기증'은 점점 줄어들고 스스로의 유전적 우수성을 광고하며 생식세포를 '판매'하는 경우가 늘어나고 있다. 대리모 역시 마찬가지다. 자신의 아이를 위해서가 아니라, 돈을 위해서 자신의 자궁을 타인에게 임대하는 사람들이 생겨난 것이다.

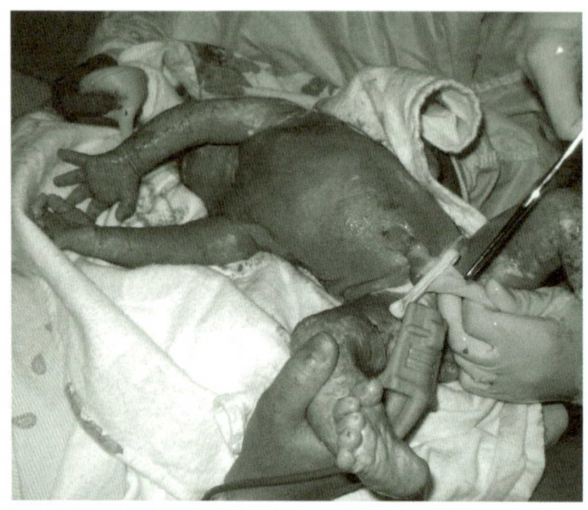

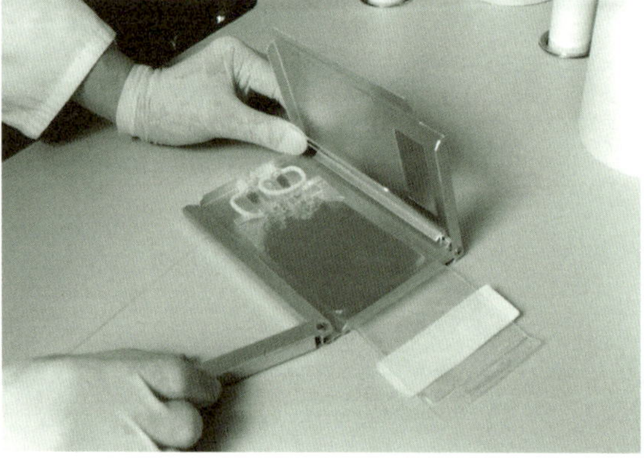

요즘 태어나는 아이들은 출생 그 순간부터 이미 경제적 가치로 환산될 수 있다. 아기의 제대혈이 난 치병을 치료하는 데 이용되기 때문이다.

의료 행위로 인해 체내에서 제거된 물질들도 현대의 인체 시장에서는 훌륭한 거래 품목이 된다. 아이가 태어나면서 같이 배출되는 탯줄과 태반은 예전에는 일종의 의료 폐기물이었다. 그러나 최근 들어 이들은 훌륭한 거래 품목으로 탈바꿈했다. 탯줄에 포함된 제대혈이 백혈병을 비롯한 난치병 치료에 효과가 있음이 밝혀지면서 제대혈 보관 서비스 사업은 날로 번창해가고 있다. 또한 태반에 피부 노화를 방지하는 성분이 들어 있다는 사실이 밝혀지면서 태반은 고가의 고급 화장품 원료로 각광받고 있다.

누가 그들을 착취하는가?

이외에도 포경수술 이후 버려지는 어린아이들의 포피 조각은 훌륭한 인공 피부의 원료가 될 수 있고, 땀[1]과 같은 분비물 역시 마찬가지다. 심지어는 반드시 잘라버려야 하는 악성 종양까지도 상업적 판매의 원천이 될 수 있다. 암세포는 불멸화세포(죽지 않는 세포)이기 때문에, 이를 이용하면 훨씬 쉽게 실험용 세포주를 얻을 수 있다. 헬라HeLa 세포주[2]처럼 말이다.

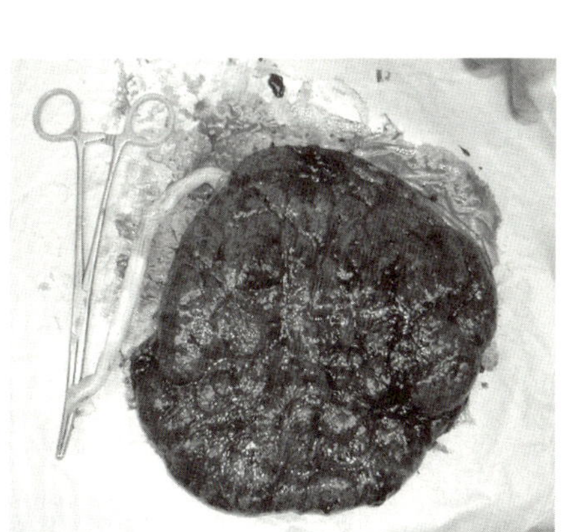

탯줄과 태반, 땀, 심지어 악성 종양까지 상품 가치를 지닌다.

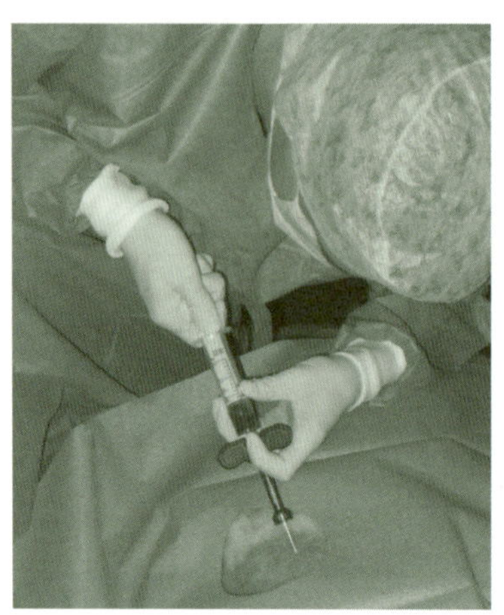

병원에 있는 일부 환자들은 자기도 모르는 사이 골수를 채취당할 수도 있다. 많은 의료진과 연구자들은 환자 동의 없이 신체 일부를 채취해 무단으로 이득을 취하고 있다.

이처럼 인체는 인체만이 만들어낼 수 있는 다양한 생명공학 제품들의 생산장이다. 시장의 원칙은 생산자가 수요자에게 상품을 팔고 그에 대한 대가를 받는 구조로 형성돼 있다. 그러나 인체 시장에서 팔리는 제품들은 그 생산자가 전혀 이익을 얻지 못하거나, 자신의 일부가 팔리고 있다는 사실조차 모르는 경우가 허다하다. 헬라 세포주를 제공한 헨리에타 랙스는 물론이거니와 거의 모든 세포주를 판매하여 얻은 이익은 세포 제공자가 아니라 이들을 떼어낸 의사나 연구자들에게 돌아갔다. 버려진 태반과 탯줄, 포피 역시 마찬가지다. 이들 대부분은 의료 폐기물로 간주되어 원 소유주가 버린 것으로 인정되기 때문에 그들에게 보상이 주어지지 않는다. 심지어는 의사들이 환자에게 말하지 않고 필요 이상으로 혈액 및 정액, 골수 등을 채취해 비싼 값으로 팔았다 해도 환자에게는 아무 대가가 주어지지 않았다.

재산권 침해에 대해서는 엄격했던 법원도 신체 조직의 무단 사용에는 너그럽다. 법원도 환자에게서 얻은 시료들을 가지고 원래의 치료와는 다른 목적의 실험을 하는 것이 의학 발전에 도움이 되는 일이라 판단한 것이다. 의사와 제약회사들이 '자신들의 경제적 이익만을 위해 환자의 신체 조직을 이용하고 착취할 권리'를 주는 것을 우려하는 판사는 소수에 불과했다. 비록 생명공학의 발달은 환자의 병을 치료해주었을지는 몰라도, 그의 신체를 일종의 광맥으로 취급하는 부작용을 만들어냈다.

인체 정보에 대한 특허권, 그 심각한 부작용

아슈케나지 유대인[3]이었던 그린버그 부부는 자신들의 두 아이가 카나반병이라는 유전적 난치병을 가지고 태어났다는 사실을 알게 되었다. 다른 민족에게는 매우 희귀한 카나반병이 자신이 속한 민족에게는 흔하게 나타난다는 사실에 주목한 그린버그 부부는 모금운동을 벌여 카나반재단^{Canavan Foundation}을 세우

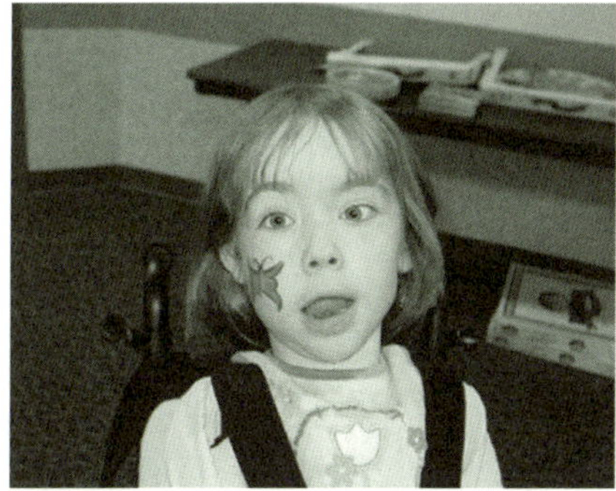
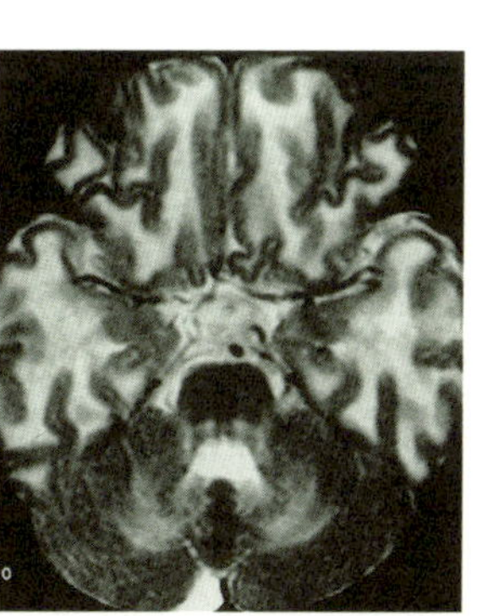

카나반병에 걸린 어린아이.

고 루벤 마탈론이라는 유전학자를 설득해 카나반병을 일으키는 유전자에 대한 연구를 의뢰했다. 마침내 10여 년의 노력 끝에 카나반병을 일으키는 유전자가 발견되었고, 이로 인해 카나반병의 산전 검사가 가능해졌다.

문제는 마탈론이 그린버그 부부 몰래 카나반 유전자에 대한 특허를 출원하면서 시작되었다. 이제 자신이 카나반병을 물려줄 수 있는 유전자를 가졌는지 검사를 하려면, 비싼 특허 사용료를 지불해야 했다. 게다가 이 유전자의 발견을 위해 기꺼이 신체 조직을 기증한 사람들조차 비용이 너무 비싸 이 검사를 이용하지 못하기도 했다.

특허권patent이란 정부의 허가에 의해 일정 기간 동안 발명품을 제조·사용·판매할 수 있는 독점적 권리를 말한다. 특허권은 새롭고 유용한 기계·제조품·화학적 합성물·식품·의약품뿐 아니라, 이들을 만들어내는 독특한 생산 방법에도 부여된다. 최근 생물학이 발달하면서 특허의 범위가 새로운 동식물체 및 유전자풀에도 적용되는 데서 많은 문제가 발생하고 있다. 게다가 1980년대 들어 베이 돌법[4], 연방기술 이전법[5] 등이 제정되면서 사태는 더욱 심각해졌다. 이 법들의 제정으로 정부 예산, 즉 국민의 세금으로 재정 지원을 받은 연구 결과물이 상업적으로 이용되기 시작했지만, 정작 세금을 낸 국민들에게 혜택이 돌아가지 않게 된 것이다.

유전자에 대한 특허권 인정은 그 유전자를 처음으로 발견해 특허를 신청한 사람에게 우선권이 주어진다. 이는 결국 특정 연구자와 그 연구자에게 대가를 지불한 사람만이 이 유전자를 연구하는 것을 허용하기 때문에 종종 순조로운 의학 발전에 방해가 되곤 한다. 또한 최근에는 수많은 사람의 유전 정보를 모아 놓은 유전자풀에 대한 특허마저 인정하고 있어—예를 들어 아슈케나지 유대인의 유전자풀이나 아이슬란드인의 유전자풀에 대한 특허권 등— 연구할 능력이 있어도 유전자풀에 대한 접근이 어려워 원활한 연구를 수행하지 못하는 경우도 있다. 게다가 이들 유전자나 유전자풀에 대한 특허를 가진 이들은 유전자를 제공한 사람들에게는 특허에 대한 보상을 전혀 나눠주지 않고 있으며, 심지어는 제공자의 유전자를 무단으로 사용하고 있다는 것을 고지조차 하지 않는다.

유전자 검사의 빛과 그림자

1960년대 미국에서는 신생아를 대상으로 한 대대적인 유전자 검사 프로그램이 실시되었다. 이는 페닐케톤뇨증PKU[6]을 가지고 태어난 아이들을 구별해 정상적인 삶을 살 수 있도록 하기 위한 것이었다. PKU 검사법이 도입된 이래, PKU를 가지고 태어난 많은 아이들이 정신지체를 겪지 않고 살아갈 수 있게 되었다.

이처럼 유전자 검사는 유전성 질환을 가지고 태어난 아이

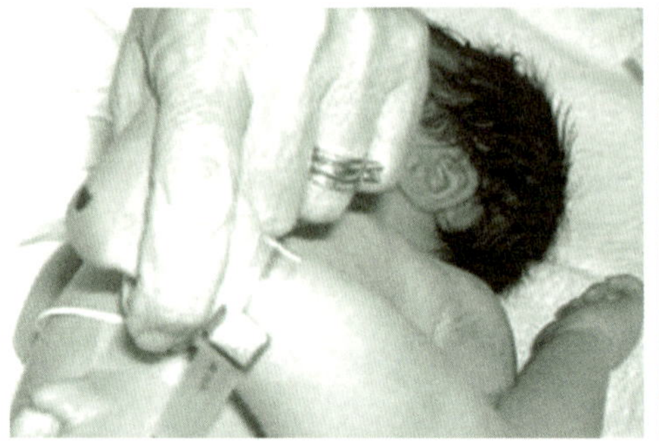

PKU를 가지고 태어난 아기의 유전자 검사를 실시하고 있는 장면. 이 검사로 병을 극복할 수도 있지만, 너무 확장되면 부정적인 사회적 결과를 더 많이 가져올 수도 있다.

들이 정상적인 삶을 누릴 수 있도록 도와주기도 한다. 많은 사람들이 가까운 미래에는 유전자 검사가 더욱더 완벽해져 자신의 유전적 경향에 대해 정확히 이해하고 그에 따른 적절한 조치를 받을 수 있을 것이라 생각한다. 그러나 유전적 질환이나 특성의 발현은 유전자뿐 아니라 환경의 영향도 받는다는 것을 우리는 쉽게 잊는다. PKU의 경우 유전인자가 바로 질환으로 연결되지만, 유방암 유전자를 가지고 있는 사람이 모두 유방암에 걸리는 것은 아닌 것처럼 말이다. 그렇기 때문에 유전자 검사에 의한 질병 판별은 모든 원인을 유전자에게만 돌리는 부작용을 낳을 수 있다.

또한 유전자 검사는 유전자에 근거한 차별을 만들어낼 수 있다. 보험회사에서는 유방암 유발 유전자를 가진 여성에게는 암보험 가입을 거절할 것이고, 고혈압 위험 유전자를 지닌 남성의 건강보험 가입 역시 거절할 가능성이 높다. 최근에는 유전자 검사가 질병 유무를 판별하는 데만 그치지 않고 그 이상의 것을 예측하는 데 이용되기도 한다. 행동유전학behavioral genetics이 등장한 이래 특정 범죄 기질, 공격성, 약물중독, 위험을 무릅쓰는 성향, 방화, 노출증 등 다양한 행위가 유전에서 기인한 것으로 대중에게 받아들여지고 있다. 어떤 사람이 유전적으로 어떤 행동을 억제하는 능력을 결여하고 있다는 생각은 그 행위에 대한 개인의 죄책감을 덜어주며, 사회적으로는 그런 행동에 영향을 주는 사회경제적 요인을 수정하는 데 비용을 쓰지 않게 만든다.

사람의 몸은 시장에서 격리되어야 한다

최근 들어서 사람의 몸을 과학적 관점에서 바라보는 시선이 특권적 지위를 누리고 있다. 몸을 바라보는 사회적 관점이 다양성을 지니는 데 반해, 몸을 바라보는 과학적 관점은 부분적이고 제한적인 상像만을 제시할 뿐이다. 몸은 그 신체가 처한 물리적·사회적 환경을 반영할 수밖에 없는 문화적 실체다. 따라서 인간의 신체는 과학적 관점에서뿐만 아니라 사회적·문화적·윤리적 관점에서도 바라봐야 할 통합적인 존재이다.

그렇기에 먼저 인간의 신체 조직을 입수하고 이용하는 데 반드시 이를 제공한 사람들의 동의를 구하는 법적·제도적 장치가 필요하다. 예를 들어 간염 검사를 위해 혈액을 채취할 경우 이 혈액은 간염 검사만을 위해 쓰여야 하며, 만약 다른 검사

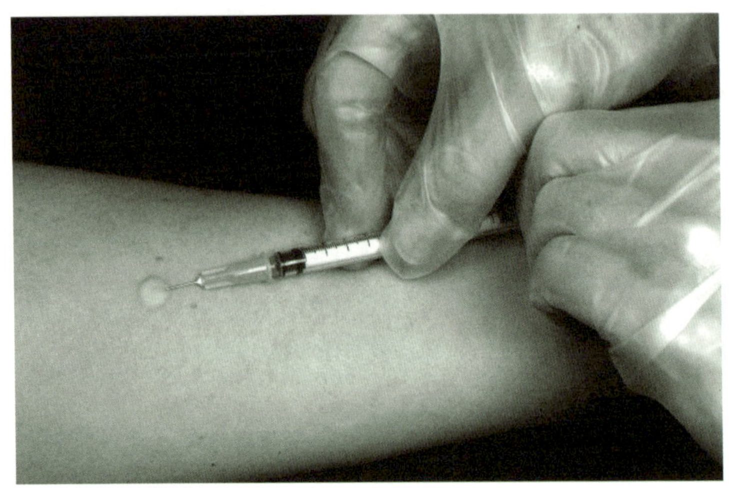

환자에게 가장 빈번하게 이뤄지는 혈액 검사는 때에 따라 은밀하게 중요한 실험 도구를 채취하는 빌미가 되기도 한다.

나 연구를 위해 혈액을 사용할 필요가 있다면 반드시 혈액 제공자의 동의를 구해야 한다. 남발되고 있는 유전자 검사도 마찬가지다. 개인은 원하는 유전자 검사를 받을 권리를 가지고 있지만, 원치 않는 혹은 자신이 인지하지 못하는 유전자 검사까지 추가로 받을 의무는 지지 않는다. 원치 않는 검사를 거부한 것으로 인해 불이익을 받는 것을 금지하는 법률 역시 뒤따라야 한다. 그렇지 않다면 보험회사는 유전자 검사를 거부한 이들의 보험 가입을 거절할 것이기 때문이다.

두번째로 필요한 것은 인간 유전자 특허에 대한 입장 수정이다. 효력이 입증된 특정 유전자 치료법 등은 특허를 허락해야겠지만, 국민의 세금으로 이루어진 연구에 대한 독점적 특허나 유전자 자체에 대한 특허, 유전자풀 접근권에 대한 특허는 불허하는 것이 마땅하다. 유전자는 우리가 지니고 있는 것이지, 특정 연구자가 만들어낸 것이 아니다. 유전자 자체에 대한 특허가 인정되면, 특정 연구자가 발견한 유전자는 그 연구자만이 실험할 수 있는 권리가 주어지게 된다. 이는 폭넓은 연구를 방해하여 유용한 진단법과 치료법의 개발을 가로막는 장애물이 될 수 있다.

인체의 **상품화**와 **비극**의 탄생

인체의 상품화는 인간을 단일화된 총체가 아닌 파편화된 물체로 보는 인간관의 변화를 가져오기도 하지만, 그 자체가 실질적으로 인간에게 해를 끼치기도 한다. 대표적인 사례가 인체성장 호르몬 투여로 인한 크로이츠펠트-야콥병의 감염 사례이다.

잘못된 상품 구입이 생명 위협

2008년 2월 6일, 프랑스 파리의 한 재판소에는 200여 명의 소송 피해자가 몰려들었다. 정확히 말하자면 이들은 성장호르몬 투여로 인해 질병을 얻어 사망한 111명의 부모들이었다. 성장호르몬이란 뇌하수체 전엽에서 분비되는 호르몬으로 뼈와 근육을 성장시키는 데 중요한 역할을 하는 물질이다. 성장호르몬이 과도하게 분비되면 거인증이, 부족하면 왜소증이 나타난다. 따라서 왜소증 환자들에게 성장호르몬의 투여는 정상인과 비슷한 성장을 가능하게 할 수 있

왜소증으로 인해 아이의 키가 잘 자라지 않아 호르몬 주사를 맞혔던 부모들은 자식의 죽음을 목격해야 했다.

다. 1980년대부터 시작된 성장호르몬 투여로 인한 왜소증 완화는 이 질병을 앓고 있던 많은 청소년들의 키를 자라도록 해주었으나, 다른 문제도 일으켰다.

1980년대는 아직 인공적으로 합성된 성장호르몬이 일반화되기 이전이어서, 왜소증 치료에는 사망한 인간의 뇌에서 직접 추출한 성장호르몬을 투여했다. 그런데 이 성장호르몬 치료를 받던 중 매우 희귀한 질환(100만 명당 0.5~1명꼴로 발병)인 크로이츠펠트-야콥병에 걸린 아이들이 늘어나기 시작했다. 흔히 인간 광우병이라고 불리는 크로이츠펠트-야콥병은 감염성을 지닌 단백질 프리온에 의해 일어나는 질환으로, 신경조직의 직접 접촉이 있어야 전염된다. 왜소증 치료를 위해 뇌하수체 속 성장호르몬을 추출하는 과정에서 병을 일으키는 프리온까지 같이 전달되었고, 111명의 아이들은 그렇게 프리온이 일으키는 불치병에 걸려 짧은 생을 마감해야 했던 것이다.

프리온뿐만이 아니다. 혈우병 환자들이 수혈 과정에서 에이즈에 걸리는 일이 증가한 것도, 각막 이식을 한 사람이 크로이츠펠트-야콥병에 걸리게 된 것도 인체 시장에서 일어난 비극이다. 보통의 시장에서 불량 물건을 사면 반품하면 되지만, 인체 시장에서는 잘못된 물건을 구입하는 것이 생명의 위협으로 이어질 수 있다. 그러나 문제는 보통의 방법으로는 판매 대상이 좋은 것인지 그렇지 못한 것인지 알아보기가 쉽지 않다는 것이다.

천재 정자은행의 탄생, 우생학이 부활하다

1980년 로버트 K. 그레이엄이라는 미국의 한 백만장자는 남편의 정자에 문제가 있어 아이를 낳지 못하는 불임부부들에게 정자를 제공하는 정자은행 사업을 시작했다. 최초의 정자은행이 이미 1954년에 설립되었으니, 이 자체가 큰 관심거리는 아니었다. 하지만 그레이엄의 정자은행은 좀더 특수한 목적을 가지고 설립되었기에 이목을 끌 수밖에 없었다.

사실 그레이엄은 산부인과 의사도 생식기술 전문가도 아닌, 그저 돈 많은 백만장자였다. 백만장자가 굳이 정자은행을 세운 이유는, 그가 바라본 이 모순투성이 세상을 바꾸고 인류의 밝은 미래를 담보

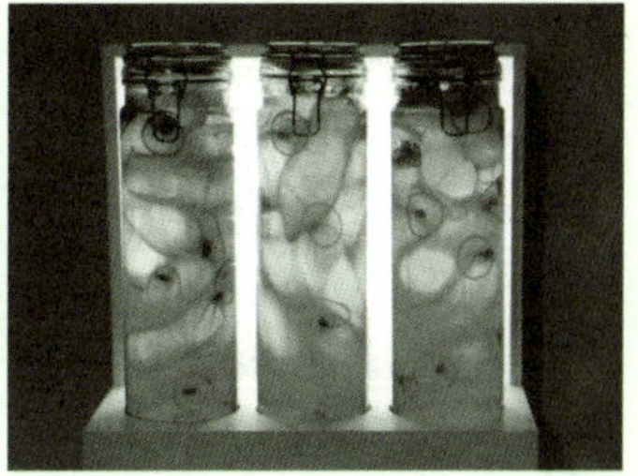

가난한 그룹의 남성들이 월스트리트에서 우생학 지지자들에 의해 쥐어진 피켓을 들고 있다(왼쪽). 정자은행에 보관된 정자들(오른쪽).

하기 위해 자신이 해야 할 일이 바로 이것이라 여겼기 때문이다. 그가 설립한 은행은 보통의 정자은행이 아니라, 우수한 사람들의 정자만을 제공한다는 일명 '노벨상 정자은행' 이었던 것이다.

그레이엄은 복지정책의 발달이나 식량 생산의 증대가 인류에게 도움을 준 것이 아니라, 오히려 인류를 자멸로 몰아가고 있다고 생각했다. 즉, 그는 이런 복지정책의 발달은 자연 상태라면 도태되어야 할 '열등한 유전자' 를 존속시켜 오히려 인류의 '질' 을 떨어뜨렸다고 여긴 것이다. 게다가 그의 눈에는 고귀한 인간 정신과는 거리가 먼 사람들일수록 짐승과 같이 번식력 하나만은 탁월해 세상을 온통 바보로 들끓게 하는 악순환이 반복되고 있는 것처럼 보였다. 이 악순환의 고리를 끊고 좀더 지성적이고 현명한 인간들이 세상에 많이 퍼져야 인류의 미래가 밝을 텐데, 오히려 엘리트들의 출산율은 떨어지고 있다는 것이 그레이엄이 파악한 현 인류의 문제점이었

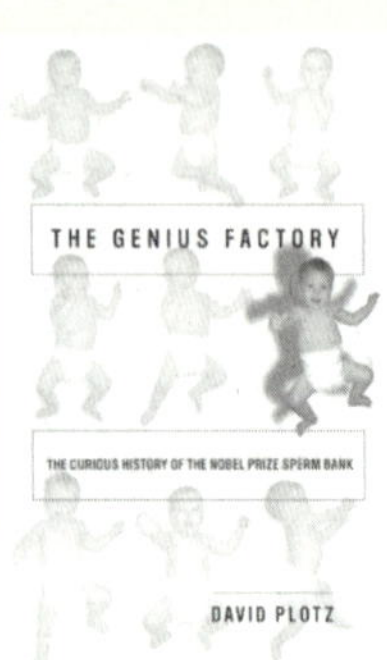

『천재공장』과 그 저자 데이비드 플로츠.

다. 그가 이 문제를 해결하기 위해 생각해낸 것이 바로 '노벨상 정자은행'이었다. 비윤리적이라는 이유로 열등한 무리를 없앨 수 없다면, 좀더 우수한 형질의 유전자를 널리 퍼뜨리는 것이 좋은 해결책이 될 것이라고 믿었던 것이다. 그리고 그는 이 위험한 생각을 실행으로 옮길 수 있는 의지와 돈이 있는 사람이었다. 그레이엄의 '천재 정자은행'에 대한 헛된 꿈에 대해서는 데이비드 플로츠가 지은 『천재공장』에서 잘 드러난다.

그레이엄은 결국 자신의 뜻을 관철시켜 1980년 '노벨상 정자은행'을 세우고, 노벨상 수상자 세 사람의 정자를 얻어 '우편배달 주문 아기'를 생산하는 업무를 시작한다. 이 정자은행은 1999년까지 20여 년 동안 216명의 아기들을 탄생시켰는데, 이 숫자는 현재 가장 유명한 정자은행인 캘리포니아 정자은행이 한 달에 태어나게 하는 아이의 숫자보다 적다. 이렇게 적은 수의 아이들밖에 태어나지 못

한 이유는, 당시에는 체외수정 기술이 발달하지 않아 주로 인공수
정[7]을 이용해 정자의 사용량이 증가했기 때문이기도 하지만, 더 큰
이유는 그레이엄이 그 분야에서 성공한 사람들을 정자 제공자로 고
집했기 때문으로 알려져 있다. 한 분야에서 괄목할 만한 성과를 거
둔 이라면 대부분 이미 노년기에 접어든 사람들일 테고, 나이 탓에
그들의 정자는 수정능력이 현저히 저하돼 있어 세상을 정화시킬 만
큼 유전자를 퍼뜨리기에는 무리였다는 것이 중론이다.

　야심차게 시작했지만 그레이엄의 '천재 공장' 프로젝트는 결국
실패로 돌아갔고, 그의 정자은행도 문을 닫고 만다. 이 정자은행이
문을 닫은 가장 큰 이유는 그레이엄의 야심과는 달리 태어난 아이
들의 대부분은 천재라기보다는 평균 성적을 조금 웃도는 정도였기
때문이다. 이 정도가 어디냐고 할 수도 있겠지만, 자신의 아이에게
천재의 정자를 물려주기를 바랐던 어머니들의 열성적인 교육열과
자식 사랑을 생각한다면 이는 실패에 가까운 것이었다. 아동기의
학습능력은 양육에 많은 영향을 받으니, 천재의 자식이 아니더라도
최상의 환경과 아낌없는 애정을 퍼붓는 엄마들의 아이가 평균치보
다 조금 높은 점수를 받는 것은 당연한 일이다. 또한 그의 '노벨상
정자은행'을 거쳐 태어난 아이들 중 실제로 노벨상 수상자의 아이
는 하나도 없었다. 초기에는 정자를 제공했던 수상자들도 곧 그레
이엄의 비뚤어진 발상에 반기를 들고 거부했으며, 이후 그레이엄의

정자은행 문턱은 점점 낮아져 결국은 보통 사람들의 정자로 채워졌기 때문에 이 프로젝트는 기획 의도 자체가 어긋나고 말았던 것이다. 비록 그레이엄의 시도는 실패로 돌아갔지만, 이는 인체의 일부, 특히 자손을 생산할 수 있는 생식세포들이 인체에서 벗어나 하나의 현물로 시장에서 거래될 때 거기에는 윤리적인 잣대나 도덕적 양심이 배제될 가능성이 높음을 보여준 좋은 사례다.

1

시애틀에 거주하는 사업가 존 무어는 어느 날 자신이 털 세포 백혈병hairy cell leukemia에 걸려 있다는 판정을 받았다. 그는 백혈병을 치료하기 위해 여러 가지 치료를 받았고, 검사를 위해 혈액도 반복해서 채취했다. 그는 결국 병으로부터 완치는 되었지만, 어느 날 자기 병을 치료했던 의사들이 자신의 혈액을 치료를 위한 검사 수단으로 사용했을 뿐 아니라 이를 이용해 무단으로 여러 가지 실험들을 행했고, 거기서 뽑아낸 특이한 화학물질과 세포주를 특허 등록한 후 판매함으로써 1500만 달러의 이익을 보았다는 사실을 알아냈다. 일련의 실험이 이뤄지는 동안 무어에게 사전 고지하거나 사후 양해를 구한 의사는 아무도 없었다. 무어는 이에 의사들을 부정 의료 및 절도 혐의로 고소하기에 이르렀다.

― 도로시 넬킨 & 로리 앤드류스의 『인체 시장』 중에서

"몸의 모든 부위를 판다"는 인체 시장의 문구

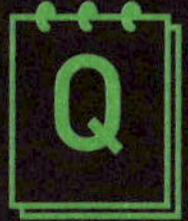

최근 들어 인체의 일부가 상당한 상업적 가치를 지니게 되면서, 존 무어의 경우처럼 환자의 승인이나 동의 없이 의사가 환자들의 신체 조직을 이용해 상업적 이득을 취하는 경우가 생겨나고 있다. 이런 현상이 정당성을 지니는지를 판단하고, 각자의 판단을 정당화시키는 근거를 제시하라.

『질병판매학』

레이 모이니헌 · 앨런 커셀스 지음 | 홍혜걸 옮김 | 알마

질병에 대한 두려움조차 이제 상품이 된다. 이 책은 바로 '건강한 일반 대중'이 일상생활에서 흔히 겪는 사소한 문제들이 제약회사들에 의해 어떻게 질병으로 탈바꿈하는지 설득력 있고 명료하게 보여주고 있다. 예를 들어 부끄럼을 잘 타는 것은 '사회공포증', 생리를 앞두고 평소보다 예민해지는 것은 '월경 전 불쾌장애', 흔한 성적 문제들은 '성기능장애', 삶의 자연스러운 변화인 폐경조차 '호르몬 결핍 질환'으로 치부된다. 하물며 부산하고 산만한 사무실의 직원들은 '성인 주의력결핍장애'를 앓는 정신 질환자가 되어버렸다.

더욱 충격적인 사실은 이러한 모든 일이 미국식품의약국FDA의 승인 혹은 묵인 하에 이뤄지고 있다는 사실이다. 저자는 이러한 사실들을 가장 최신의, 극적인 사례들을 통해 낱낱이 밝히고 있다. 특히 요즘처럼 한미 FTA가 첨예한 쟁점으로 부각되고 있는 때, 이 책은 다국적 제약회사의 검은 마케팅 속셈을 드러내 줌으로써 한국 독자들에게 시사하는 바가 클 것이다.

1 실제로 스타들이 흘린 땀을 모아 이를 정제해 만든 향수가 판매되고 있다. 팬들은 스타의 체취를 느끼고자 거액을 내고 그들의 '땀을 산다'.

2 1951년 헨리에타 랙스라는 이름의 여성이 자궁암으로 수술을 받았고, 그녀를 수술한 의사들은 그녀 몸에서 떼어낸 암세포를 인위적으로 배양했다. 얼마 후 헨리에타는 사망했지만, 그녀에게서 떼어낸 암세포는 성장과 분열을 멈출 줄 몰랐다. 연구자들은 이 세포에 주인의 이름과 성에서 이니셜을 따 헬라HeLa라는 이름을 붙여주었다. 헬라 세포주는 반세기가 지난 현재까지도 분열을 멈추지 않고 있으며, 가장 많이 팔리고 가장 많이 사용되는 세포주이다.

3 아슈케나지Ashkenazi 유대인. 독일과 프랑스 지역에 살다가 십자군 전쟁 이후 동유럽지역으로 이주한 유대인을 일컫는 말로, 스페인계 유태인인 세파르디Sephardi와 구별하여 쓰인다. 전 세계의 유대인 중 80퍼센트가 아슈케나지 유대인이다. 유대인끼리 결혼하는 습속에 따라 테이-삭스병, 카나반병 등 열성 유전질환이 자주 발병하여 이들의 유전자에 대한 연구가 많이 진행되고 있다.

4 대학과 비영리기구가 정부 지원으로 발명한 것에 대해 특허 출원을 허용하는 법.

5 정부기관에 근무하는 연구자들이 자신의 발명을 특허 출원하여 매년 15만 달러 이내에서 수입을 인정하는 법.

6 페닐케톤뇨증phenylketonuria, PKU이란 아미노산의 일종인 페닐알라닌을 대사시키지 못하는 유전성 질환이다. 이로 인해 과다하게 축적된 페닐알라닌이 신경세포 손상을 일으켜 정신지체, 간질 등을 일으킨다. PKU는 일단 발병하면 치료하기가 극히 어렵지만, 생후 1개월 이내에 발견하여 페닐알라닌 제한식을 하면 신경 손상을 방지할 수 있기 때문에 조기 검사가 무엇보다 중요하다.

6 보조생식술에는 크게 두 가지가 있다. 첫째는 인공수정인데, 이는 남성의 정자를 여성의 자궁 속으로 직접 넣어주는 방법이다. 이것은 정자가 질을 통과하는 과정을 생략하여 임신율을 높이는 방법인데, 정자를 자궁에 인위적으로 넣어준다는 것 외에 수정 및 임신 과정은 일반 임신과 동일하다.

둘째로 체외수정은 인공수정에 비해 더 많은 조작이 필요하다. 이것은 남성의 정자와 여성의 난자를 모두 채취하여 체외에서 수정시켜 수정란을 만든 뒤, 이를 3~5일간 배양한 뒤 배아 자체를 자궁에 이식하는 방법이다. 특히 적은 수의 정자로도 수정이 가능해 희소정자증 등의 남자들이 이용한다.

대부분의 지구 생물들은 살면서 학습한 정보보다 선천적으로 가지고 태어난 능력, 즉 본능적인 유전 정보에 의지해 살아간다. 그러나 인간을 비롯한 거의 모든 포유류는 이와 반대다. 인간은 전체 수명에서 유년기가 차지하는 비율이 다른 어떤 종보다도 훨씬 길다. 이 긴 기간 동안 아이는 성인에게 의존하며 뛰어난 적응성, 즉 환경과 문화로부터 학습하는 능력을 보인다. 비록 인간 행동의 상당 부분이 아직도 유전자에 의해 조절받고 있기는 하지만, 우리는 비교적 짧은 기간 동안 새로운 행동·문화적 길을 개척할 수 있다. 우리 인간에게는 발달된 뇌가 있기 때문이다. 그렇다면 우리의 뇌는 어떻게 지금과 같은 지성을 획득하게 되었을까? 이런 궁금증이 든다면 칼 세이건의 『에덴의 용』을 읽고, 인간 지성의 기원을 찾는 그의 여정에 동참하며, 신비에 싸여 있던 뇌의 참모습에 다가가보자.

인간의 지성은 어떻게 탄생했나?

칼 세이건의 『에덴의 용』

칼 세이건은 누구인가?

칼 세이건Carl Sagan, 1934~1996은 미국의 천문학자로 외계 생물학의 선구자이자, 외계 문명 탐사 계획인 SETI의 후원자로도 유명하다. 뉴욕 출신으로 시카고대에서 인문학 학사, 물리학 석사, 천문학 및 천체물리학 박사 학위를 받았으며, 코넬대 천문학 및 우주과학과의 석좌교수로 재직했다. 미항공우주국NASA의 자문위원으로 많은 우주 탐사 계획에 참여했고, 천문학의 대중화에 많은 노력을 기울여 세계 60여 개국에 방송된 〈코스모스〉와 이를 책으로 만든 『코스모스』를 저술하여 과학 대중화에 앞장섰다. 세이건은 사이비 과학이 사람들을 현혹시키는 것을 막기 위해 노력했으며, 『악령이 출몰하는 세상』을 통해 사이비 과학에 대해 비판을 가했다. 천문학을 알리는 『코스모스』 『창백한 푸른 점』을 비롯하여, 영화로도 만들어진 SF소설 『콘택트』, 뇌의 신비를 다룬 『에덴의 용』에서 그의 마지막 책인 『에필로그』까지 30여 권을 저술했다.

에덴의 용, 인간을 탄생시키다

　예로부터 용이나 구렁이를 신성시하던 우리네 정서와는 달리 서양에서는 용으로 대변되는 파충류—뱀과 공룡을 포함하여—는 환영받지 못하는 대상이었다. 그러기는커녕 사람들을 괴롭히는 괴물로 영웅에 의해 퇴치되어야만 하는 저주받은 존재였다. 그중에서도 가장 유명한 이야기는 인간을 낙원에서 쫓겨나게 만든 에덴동산의 뱀(혹은 용)에 얽힌 이야기일 것이다. 에덴의 뱀은 아담과 이브를 유혹하여 신이 금지한 선악과를 먹게 함으로써 인간이 낙원에서 쫓겨나는 결정적인 계기를 만들었다. 이로 인해 인간은 죽음과 고통이 존재하지 않던 에덴동산에서 추방되어 고된 노동과 진한 고통이 함께하는 유한한 삶을 살게 된 것이다.

　세이건은 이 유명한 이야기에서 '인간이 동물과 구별되던 순간'을 은유로 해석해낸다. 인간은 선악과를 먹는 순간 낙원에서 추방된다. 선악을 알게 되면서, 다시 말해 선악을 구별하는

서양에서 뱀(용)은 인간을 낙원에서 추
방시킨 악마적인 존재로 그려졌다. 반면
칼 세이건은 낙원에서 쫓겨나게 한 뱀이
비로소 인간을 미래와 죽음, 그리고 두
려움을 아는 지성인으로 만들어줬다고
보고 있다.

‘지성’을 갖게 되면서 인류는 영생의 삶과 행복한 인생 대신 죽음에 대한 인식과 미래에 대한 걱정을 떠안게 된 것이다. 본능에만 얽매여 살아가는 동물들은 오직 ‘현재’만을 인식할 수 있다. 미래를 인식하지 못하는 그들은 앞으로의 삶에 대한 걱정도, 언젠가 이 삶이 끝날 것이라는 예상도 할 수 없기 때문에 오히려 두려움 없는 삶을 살아갈 수 있다. 반면 지성을 가진 존재는 시간이 연속된다는 사실을 알기 때문에 미래와 죽음에 대한 두려움을 품을 수밖에 없다.

이처럼 지성은 인간에게 있어 축복인 동시에 고뇌의 근원이기도 하다. 에덴에 살던 뱀은 인간을 낙원에서 추방시킨 사탄으로 그려졌지만, 세이건은 ‘에덴의 용’을 인간에게 ‘지성’을 일깨워 인간을 탄생시킨 어떠한 변화로 보고 있다.

지성은 어떻게 탄생했나?

무한 개의 심적 상태를 지닌 인간

지성은 지구상에 극히 최근에 등장한 개념이다. 우주의 시작부터 현재까지를 1년으로 치환한 '우주력'을 통해 살펴보면, 인간이 등장한 것은 우주력 마지막 날의 오후 10시 30분경으로 그나마 문자로 기록된 역사는 마지막 10초에 지나지 않을 정도로 짧다. 비록 지성의 탄생은 극히 최근의 일이지만, 분명한 것은 우주력의 두번째 해에 지구와 그 주변에서 일어날 일들은 인간의 지성에 크게 의존할 것이라는 사실이다. 그렇다면 지성이란 과연 어떻게 형성되었으며, 그것이 만들어진 이유는 무엇일까?

지구상에 최초의 생물이 나타난 것은 약 30억 년 전이다. 그 후로 생명체는 진화 과정을 통해 다양한 생물종으로 분화되었다. 박테리아에서 인간에 이르기까지 모든 생명체는 유전물질로 DNA를 갖는다. 하나의 생명체를 만드는 설계도가 이 DNA 속에 들어 있는 것이다. DNA는 생명체의 외관을 결정지을 뿐 아니라 생명체의 행동에도 관여한다. 벌은 누가 가르쳐주지 않아도 꽃 속의 꿀을 모을 줄 알고, 갓 태어난 생쥐는 본 적도 없는 고양이의 냄새를 맡고 두려움을 느끼며 도망친다. 이는 유전학적 시스템 속에 갖춰진 행동으로 '본능'이라 불린다.

오랫동안 대부분의 생명체는 본능에 의존해 살아왔고, 이를 가능케 하는 것은 생물체를 구성하는 유전 정보, 즉 DNA 덕택이다. 생물종의 진화는 DNA의 돌연변이에 의해 일어난다. 그렇지만 돌연변이는 무작위로 발생하며, 더욱이 대부분의 돌연변이가 생물체에게 해롭기 때문에 DNA를 통한 생물 종의 변화나 진화는 매우 느리게 일어난다. 돌연변이는 DNA의 길이에 비례하여 일어나기 때문에 유전자를 더 많이 갖게 된다면 잘못되는 유전자의 수도 그만큼 늘어나, DNA의 유전 정보량에는 한계가 있을 수밖에 없다. 따라서 몸이 크고 복잡한 생물일수록 DNA의 양이 많기 때문에, 이들 생물은 생존을 위해서라도 비유전적인 정보의 원천을 지닐 필요가 있다. 이러한 비유전적인 정보의 원천은 바로 뇌이며, 뇌는 '학습'을 통해 비유전적인 정보를 습

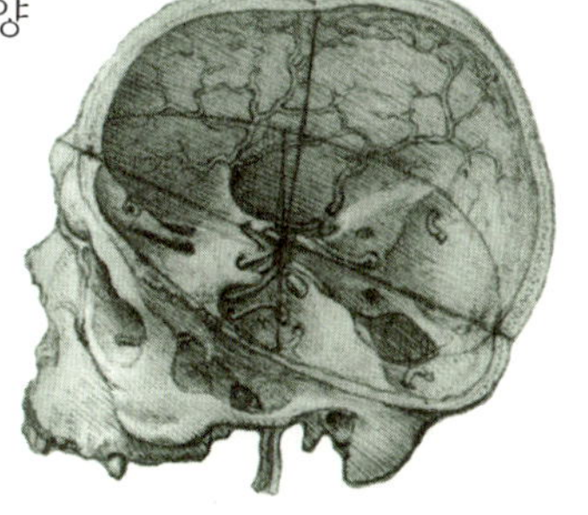

신경세포들이 시냅스를 이루는 인간의 뇌는 무한한 가능성을 담지하는 원천이다.

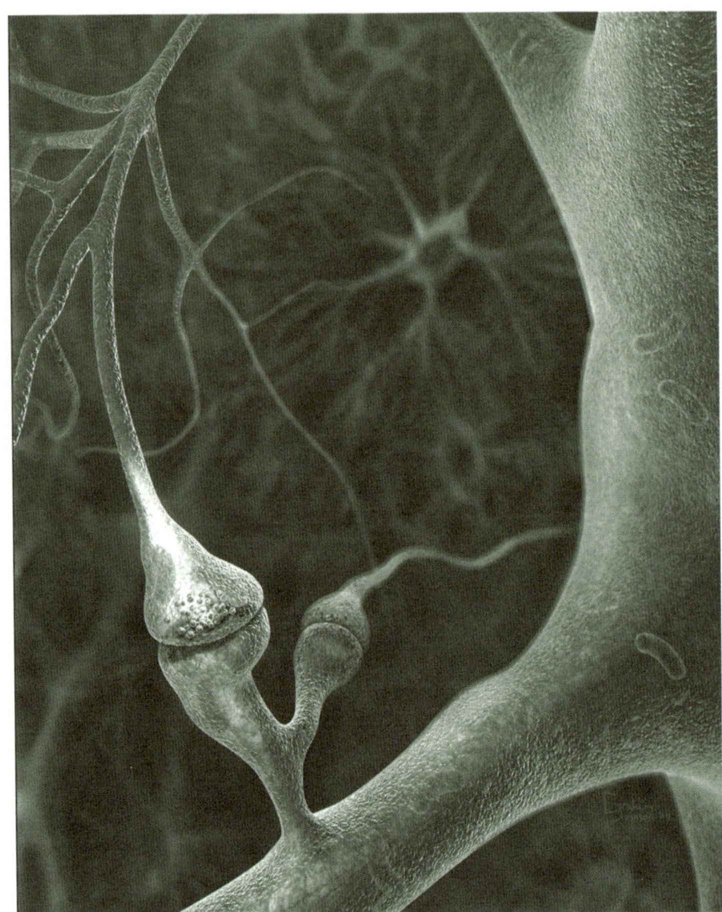

신경세포들과 인접 세포들의 접합인 시냅스. 시냅스 숫자만큼을 2의 제곱으로 계산하면, 인간의 심적 상태의 개수가 나오게 된다. 즉 인간은 10^{13} 수만큼의 시냅스를 갖고 있으므로, 무한 개의 심적 상태를 지니고 있다고 할 수 있다.

득하고 공유하며 이를 후손에게 물려줄 수 있다.

뇌는 무궁무진한 정보를 담을 수 있는 원천이다. 뇌에 존재하는 신경세포들은 시냅스synaps(신경세포와 인접한 세포들과의 접합부)를 이루며 서로 전기 신호를 주고받는다. 만약 어떤 이의 뇌가 단 하나의 시냅스만을 가진다면 그는 0과 1의 두 가지 심적 상태를 갖게 될 것이고, 두 개의 시냅스를 갖는다면, $2^2=4$, 즉 네 개의 심적 상태를 가지게 된다. 이처럼 뇌에 N개의 시냅스가 있으면 2^N개의 심리 상태를 갖게 된다. 인간의 뇌에 이를 적용하면 인간 뇌의 시냅스 숫자는 약 10^{13}개이므로, 인간은 $2^{10^{13}}$이라는 어마어마하게 많은 심적 상태를 가질 수 있다는 말이 된다. 이는 우주 전체의 원자 수를 합한 것보다 훨씬 많은 수로, 인간의 뇌의 무한한 가능성을 대변하는 단초라 할 수 있다.

아직 완성되지 않은 존재

이처럼 비유전적인 정보 획득의 원천인 뇌는 어떻게 발달해왔을까? 뇌의 발달 과정은 마치 마트료쉬카 인형(인형 안에 겹겹이 인형이 들어 있는 러시아 전통 인형)을 만드는 과정과 비슷하다. 인간 뇌의 단면도를 살펴보면 중앙의 구조물을 다른 구조물들이 둘러싸고 있는 모습을 볼 수 있는데, 진화상 안쪽에 자리 잡은 구조물이 먼저 출현했고 고등 단계의 동물로 올라갈수록 바깥쪽 구조물들이 등장했다.

뇌라고 부를 수 있을 만한 구조물은 척추동물에 이르러서야 나타난다. 척추동물 중 가장 먼저 나타난 어류와 양서류의 뇌는 대부분 연수·척수·뇌교 등 호흡과 순환기를 관장하는 기본적

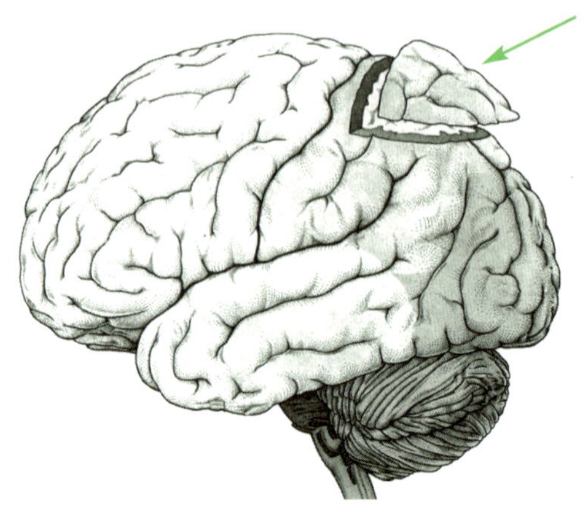

'인간의 뇌'라 불릴 만한 곳은 뇌 중에서도 대뇌피질이다. 특히 미래를 예견하게 해 생존력과 불안감을 모두 가져다주는데, 대뇌피질이 죽으면 신체가 살아 있어도 인간은 죽은 거나 다름없다고 보는 시각도 있다.

인 구조물로만 이루어져 있다. 이러한 뇌를 폴 매들린은 뇌의 가장 기본적인 구조물이라 하여 '신경계의 차대^{neural chassis}'라고 불렀다. 이후 진화 과정에서 이 기본 골조를 둘러싼 세 가지 뇌 구조물이 등장했다.

가장 먼저 등장한 것은 'R-복합체' 구조로, 파충류에서부터 나타나기 때문에 이를 '파충류의 뇌'라고 부른다. R-복합체는 선조체^{corpus striatum}, 담창구^{globus pallidus} 등이 속하는 곳으로 공격적 행동과 영토 본능, 기본적인 의식을 만들어낸다. R-복합체를 둘러싼 부분은 '번연계^{limbic system}'라고 부르는데, 편도체^{amygdala}와 해마^{hyppocampus}, 중격^{septum}, 후각 피질 등이 이에 속한다. 번연계는 파충류에서도 보이긴 하지만, 주로 포유류에서 많이 나타나기 때문에 이를 '포유류의 뇌'라 부르기도 한다. 번 연계는 강렬하고 생생한 정서를 불러일으키는 영역으로 사랑· 열정·슬픔·증오 등의 정서와 관련이 있다. 번연계를 둘러싸 고 있는 가장 바깥쪽 구조물은 대뇌피질로, 포유류에게서 관찰 되며 인간의 뇌에서는 가장 많은 부분을 차지하는 곳이기에 '인 간의 뇌'라고 불릴 만한 곳이다. 대뇌피질은 지능과 이성 및 언 어를 관장한다. 학습의 결과들을 기억하고 언어를 구사하며, 수 학 문제를 풀고 시간의 흐름을 인식하여 과거와 현재와 미래를 연관지어 생각할 수 있는 것은 바로 이것 때문이다. 특히 대뇌 피질은 미래에 대한 예측이 가능한 곳이다.

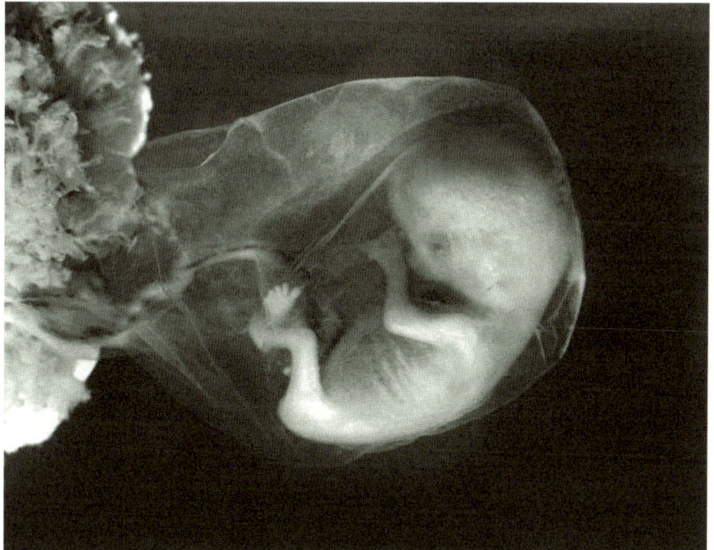

인간만큼 긴 유년기를 갖는 동물은 지구상 어디에도 없다. 아기의 뇌는 많은 부분이 확립되지 않은 채 태어난다. 이는 자라면서 환경과 학습, 경험과 기억을 통해 채워질 '가능성'을 보장한다.

그렇지만 미래를 인식한다는 것은 다른 한편으로는 불확실한 미래에 대한 불안과 근심이라는 대가를 치러야 함을 의미한다. 불안과 근심은 인간의 활동을 위축시키기도 하지만 그로 인해 생존에는 더욱 유리하게 작용한다. 이와 같은 예측능력의 결과 인간은 안전한 기반을 갖춘 사회를 건설할 수 있었고, 사회적 · 기술적 혁신을 이뤄내는 것이 가능했다. 대뇌피질이 지닌 물리적인 특징은 완성되지 않은 채 태어난다는 것이다. 이것은 인간의 끔찍하게 긴 유년기의 존재와 맞물려 진화되었다. 인간은 그 어떤 생물보다 수명에 비해 긴 유년기를 가지며, 이 기간 동안 성인에게 의존하며 생존에 필요한 많은 것들을 배운다. 인간은 본능적으로 타고난 행동보다는 후천적으로 습득하는 비유전적 정보에 의한 행동이 더 많다. 그렇기에 갓난아기의 뇌는 많은 것을 습득할 수 있도록 미완성인 상태로 태어나며, 긴 유년 시절 비어 있는 뇌의 많은 부분들을 채워나가게 되는 것이다.

지성은 인간만의 전유물인가?

이렇듯 인간은 발달된 대뇌피질을 지니고 있어 모든 생물 중 가장 지성적인 존재로 일컬어진다. 그렇기 때문에 지적 능력은 인간만이 지닌 특징이라고 여기는 경우가 많다. 존 로크가 '짐승은 추상하지 못한다'고 선언한 이래 동물들은 지적 능력이 거의 없거나 미미하다는 것이 중론이었다. 그러나 심리학자

침팬지가 말하지 못하는 것은 지적이지 못해서가 아니다. 단지 구강 구조의 차이일 뿐이다. 따라서 인간만이 유일한 지적 존재가 아니라 단지 진화 과정에서 다른 영장류들을 모두 도태시켜버렸다는 것이 세이건의 주장이다.

비어트리스 가드너Beatrice Gardner의 연구 결과는 다르다.

인간과 가장 유사한 침팬지의 경우 아무리 교육을 시켜도 인간처럼 언어를 구사하지는 못한다. 과거에는 이를 침팬지에게 지적 능력이 결여되어 있기 때문으로 보았으나, 가드너는 침팬지의 구강과 인두의 해부학적 구조가 발성을 하기에 적합하지 않기 때문이라는 주장을 내놓았다. 실제로 인간 성인은 설골과 후두가 구강보다 아래쪽에 위치해 있어서 자유로운 발성이 가능하지만, 침팬지의 경우 설골과 후두가 구강과 비슷한 높이에 있어 자유로운 발성이 원천적으로 불가능하다.

이는 인간의 아기도 마찬가지로, 갓 태어난 아기의 경우 설골과 후두의 위치가 높아서 만약 아기가 말을 할 수 있는 지적 능력을 갖춘 채 태어나더라도 해부학적 구조상 말을 하지는 못한다는 것이 학자들의 견해다. 가드너는 이런 이유로 침팬지의 지적 능력을 평가하는 수단으로 음성 언어가 아닌 수화를 사용하여 연구를 시작했다. 그 결과 침팬지들은 수화를 이용해 100여 개의 단어를 표현할 줄 알았으며, 자신이 알고 있는 단어를 이용하여 새로운 표현을 만들어내는 창의력을 보이기도 한다는 것이 관찰되었다. 침팬지 외에도 오랑우탄, 돌고래 등은 상당한 수준의 지적 능력을 지니고 있음이 연구를 통해 밝혀지고 있다.

지적 능력은 이전에는 전혀 존재하지 않다가 인간이라는 종에 와서 갑자기 나타난 마술 같은 존재가 아니다. 진화를 통해 서서히 발달하기 시작했다가 인간이라는 종에 와서 가장 눈부시게 나타났다고 봐야 할 것이다. 여기서 세이건은 인간과 다른 동물 종 사이에 놓인 지적 능력의 커다란 수준 차이는 지성이 인간만의 전유물이기 때문이 아니라, 오래전 인간의 조상들이 지적 능력을 보이는 다른 영장류들을 체계적으로 제거해버려 영장류의 지능과 언어능력의 변경지대를 거의 눈에 띄지 않는 곳까지 몰고 갔기 때문이라고 추정한다. 그리고 유일하게 살아 남은 인간만이 이를 더욱 발전시켰다는 것이다.

인간의 뇌가 뇌의 미래를 결정한다

인간의 뇌는 파충류의 뇌(R-복합체)와 포유류의 뇌(번연계)를 거쳐 비로소 인간다운 뇌(대뇌피질)의 발전까지 이룩해냈다. 그렇다면 앞으로 인간의 뇌는 어떤 방식으로 진화할까? 여기서 염두에 두어야 할 것은 앞으로 뇌의 변화에서 중요한 원동력은 돌연변이로 인한 자연의 힘이 아니라, 인간 스스로의 뇌에 대한 이해 수준이라는 것이다.

이미 인간은 행동의 많은 부분을 주재하는 뇌의 다양한 화학작용에 대해 알아냈다. 우리의 기분이나 행동, 정신 상태는 뇌에서 어떤 화학물질이 분비되느냐에 따라 좌우된다. 특히 정신 질환 분야에서 화학요법의 결과는 놀라울 정도인데, 심한 정신분열증 환자라도 티오리다진의 복용으로 증세가 완화되며, 리튬은 조울증 환자에게 특효를 나타낸다. 이밖에도 다양한 정신적 문제들은 뇌에서 일어나는 화학반응을 바로잡음으로써 고치거나 완화시킬 수 있다는 사실이 알려졌다. 다시 말해 어떤 행동이나 기분을 유발시키기 위해서는 그에 걸맞은 화학물질을 사용하면 된다는 것이다. 머지않은 시대에 기분을 바꾸어주고 성격을 바로잡아줄 다양한 뇌 내의 화학물질들이 시장에서 팔리며, 인간은 인간다움의 유지를 위해 이를 무게로 달아 사야 하는 처지에 놓일지도 모른다.

또한 인지적 · 지적 인공 장치를 뇌에 삽입하는 것도 가능해질 것이다. 뇌는 화학물질을 통한 신호뿐 아니라 전기적 신호도 동시에 발생한다. 따라서 뇌에서 흐르는 전기적 신호의 유형 및 작동 원리를 파악하게 된다면 이를 모방한 프로그램을 담은 인공 장치의 개발도 가능해질 것이다. 과거의 뇌의 진화가 새로운 구성 요소가 기존의 구성 요소 위에 추가되는 식으로 이루어졌다는 맥락에서 살펴볼 때, 기존의 뇌에 인공 뇌를 더해 뇌의 기능을 업그레이드하는 것은 실현 가능성이 매우 높다.

마지막으로 나타날 뇌의 변화는 기계지능의 등장이다. 흔히 '인공지능'이라고 불리는 것으로 인간이 지능을 지닌 새로운 존재를 만들어내는 것이다. 세이건이 이 책을 썼던 30년 전에는 컴퓨터 프로그램의 수준이 지금에 비해 훨씬 뒤떨어진 때였지만, 그는 그 속에서도 기계지능의 탄생을 예측했다. 즉, 인간 지능의 역사에서 다음에 다가올 주요 구조적 발달은 지적인 인간과 지적인 기계 사이의 협력이 될 것이라고 말이다.

그러나 뭐니뭐니 해도 뇌의 미래에서 중요한 것은 대뇌피질을 통한 이성적 사고의 토대를 먼저 구축해야 한다는 것이다. 직관과 정서가 한데 어우러진 이성, 즉 R-복합체와 변연계를 대뇌피질을 중심으로 통합하는 것만이 인간이 멸종하지 않고 살아나갈 수 있는 유일한 길이다. 지구에서 상당한 정도로 지적 능력이 진화된 것은 우주력의 마지막 한 시간 동안이었다. 대뇌의 양쪽 반구 간의 조화로운 기능은 자연이 인간에게 부여한 중요한 도구다. 따라서 인간은 스스로가 가진 지적 능력을 완전하고 창의적으로 사용하지 않는다면, 인류는 살아남기 어려울지도 모른다.

인간은 어떻게 **기억하는가**?

세이건은 뇌를 가진 인간이야말로, 새로 시작되는 우주력의 제2장의 운명을 결정할 중요한 요소로 보았다. 그렇다면 이 중요한 뇌는 어떻게 발달하며, 어떤 기작을 통해 움직이는가?

뇌와 신경세포는 어떻게 형성되는가

뇌의 형성은 일찍부터 시작된다. 수정 후 2주만 지나면, 태아에게서 원시적 신경계인 신경판neural plate이 나타나며, 4주가 되면 2밀리미터 정도의 작은 태아의 몸을 관통하는 신경관이라는 긴 통로가 생겨난다. 처음에는 가느다란 관 모양이었던 신경관은 점차 한쪽 끝이 부풀어올라 뇌로 변화하며 뒤쪽은 척수가 된다. 수정 후 6주째가 되면 중요한 뇌 구조물들은 거의 나타나고, 이후 급속도로 자라난다.

뇌는 유입되는 정보를 처리하고 신체 각 부분을 관장하는 신경

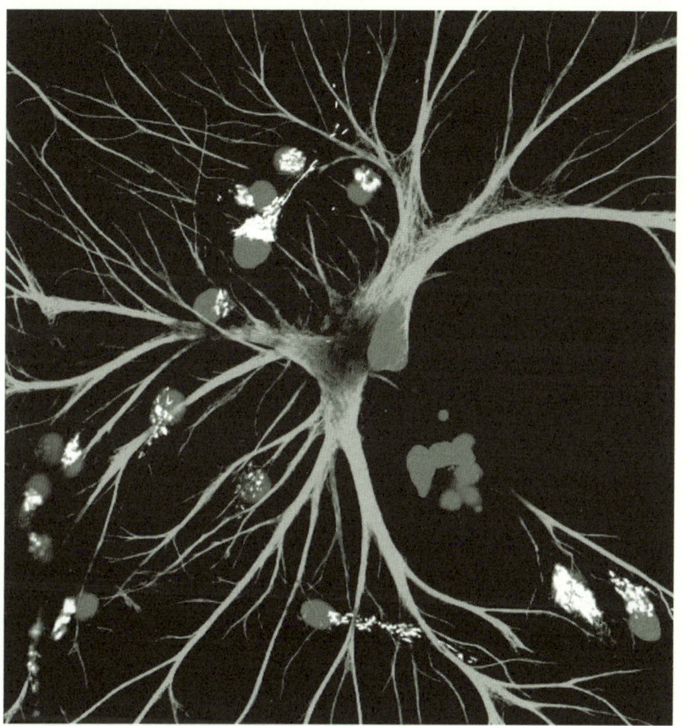

뇌로 쏟아져 들어오는 정보들은 신경세포와 이 신경세포들을 지지하는 아교세포들로 이뤄진다.
사진은 아교세포의 모습.

세포neuron와 이 세포들을 지지하는 아교세포glial cell들로 이뤄진다. 아교세포는 평생 동안 생성되는 데 반해 대다수의 신경세포는 임신 4개월이면 거의 다 형성된다. 이 시기가 지나고 나면 신경세포는 이미 형성된 것들을 재배치하거나 재조직화할 뿐이다. 다른 세포들과 달리 신경세포는 일단 분화가 끝나면 더이상 분열되거나 재생되지 않기 때문에 뇌 손상은 한 번 일어나면 치료하기 극히 힘들다. 물론 신경세포가 다 형성됐다고 해서 뇌의 발달까지 완성된다는 의미는 아니다.

신경세포는 입력된 정보를 처리하고 명령을 출력하는 역할을 하기 때문에 다른 세포들과 연결되어야 비로소 제 기능을 할 수 있다. 이 신경세포의 연결 지점을 '시냅스synaps'라고 하는데, 임신 기간 중에는 신경세포들이 형성되는 숫자에 비해 시냅스 연결 수가 적다. 시냅스는 출생 이후 환경과의 접촉을 통해 저마다 다르게 형성되기 때문이다. 이 과정을 벽돌집에 비유하자면, 태어나기 전 아기의 뇌는 앞으로 집을 짓는 데 필요한 벽돌을 만들어내는 시기다. 아직까지는 어떤 집이 만들어질지 모르지만, 더 크고 멋있는 집을 짓기 위해서는 벽돌을 많이 만들어두는 게 유리하다. 이에 비해 출생 이후 아기의 뇌는 이 벽돌로 집을 짓는 과정에 비유할 수 있다. 건축가가 어떤 집을 짓느냐 하는 것은 그의 상상력에 달려 있기 때문에 같은 벽돌집이라도 결과물은 전혀 다를 것이다. 하지만 상상 속의 건물을 현실로 옮기기 위해서는 벽돌이 충분히 있어야 하기 때문에 인간의 마음은 벽돌(출생 전 구축된 신경세포들, 유전적 영향)과 건축가의 상상력(출생 이후 쌓은 다양한 경험들, 환경적 영향)의 조화로 만들어지는 것이지, 유전과 환경 중 어느 한쪽이 결정하는 것은 아니다.

이처럼 신경세포 자체는 태어나기 전에 거의 다 형성되지만, 신경세포의 돌기들이 다른 세포들과 접합하는 시냅스 부위는 얼마든지 바뀔 수 있기 때문에 우리는 죽을 때까지 학습이 가능한 것이다. 또한 시냅스 연결 부위는 유동적이어서 한 번 생성된 시냅스 부위라도 계속해서 자극이 주어지지 않으면 연결이 느슨해질 수 있다. 한 번 배웠던 것을 반복해서 연습하지 않으면 기억나지 않는 이유는, 유동적인 시냅스 연결 부위를 계속해서 자극해주지 않아 그 연결이 느슨해져버렸기 때문이다. 반복 학습이나 강력한 자극을 주는 기억의 경우 시냅스 연결이 공고해져 평생 동안 남는 기억이 되기도 한다.

고도로 분화된 세포, 뉴런

신경세포neuron는 크게 세포체, 수상돌기, 축색돌기 등 세 부분으로 구성된다. 수상돌기가 외부에서 입력되는 정보를 받아들이면 세포체에서 이 정보를 처리하고, 이에 따른 명령을 축색돌기를 통해 내보낸다. 이때 외부에서 들어오는 정보는 신경전달물질이라는 화학물질의 상태로 유입되지만, 일단 신경세포 내에서의 정보 이동은 전기적 신호를 통해 빠르게 전달된다. 따라서 이 전기적 신호가 외부로 누전 없이 전달되게 하기 위해서 신경세포의 축색돌기는 일종의 절연체인 수초(미엘린)로 둘러싸여 있다. 이렇게 수상돌기에서

피아노 치는 것은 한 번 배우면 왜 잊어버리지 않을까? 그것은 신경세포가 다른 세포들과는 달리 한 번 생기면 다시는 분열하거나 교체되지 않기 때문이다.

시작되어 세포체를 거쳐 축색돌기로 빠르게 전달된 전기 신호는 다시 축색돌기의 끝, 즉 시냅스에 도착해서 다시 이 신호를 신경전달물질을 통해 외부로 내보낸다. 이로 인해 신경세포와 신경세포, 혹은 신경세포와 여타 세포들과의 접합점인 시냅스에서는 전기적 신호와 화학적 신호가 빠르게 교차되는 과정이 반복해서 일어난다.

신경세포의 시냅스에서 만들어지는 신경전달물질의 종류로는 아세틸콜린, 노르아드레날린, 도파민, GABA, 엔케팔린, 세로토닌 등이 있는데, 이들은 종류에 따라 각각 이후의 세포를 흥분시켜 기능을 활성화하거나, 억제시켜 기능을 정지시키는 작용을 통해 신체의 반응을 조절한다. 아세틸콜린이나 노르아드레날린은 대표적인 흥분성 신경전달물질이고, GABA는 억제성 신경전달물질로 작동한다. 뇌에서 일어나는 신호 전달은 다양한 신경전달물질들의 정확한 분비와 흡수로 이뤄지기 때문에 만약 이들의 양이 많거나 적거나 혹은 불안정해지면 심각한 중추신경계 질환이 이어진다. 가령 도파민이 부족할 경우 온몸이 떨리고 근육이 제멋대로 움직이는 파킨슨병이 나타나고, 반대로 과할 경우 정신분열증이 생길 수 있다. 아세틸콜린의 부족은 치매의 일종인 알츠하이머병과 연관이 깊고, 세로토닌 부족은 우울증을 불러일으킬 수 있다.

신경세포는 모양만 봐도 다른 세포와 매우 다를 정도로 고도로 분화돼 있으며, 일단 한 번 분열하여 신경세포가 되면 다시는 분열하지 않는다. 위장 세포가 사흘마다 모두 새것으로 교체되고, 피 속의 적혈구도 6개월을 주기로 모든 세포가 교체되는 것과는 확연한 차이가 난다. 신경세포의 이런 특징으로 인해 우리는 어릴 적에 경험했던 일을 오래도록 기억할 수 있고, 자전거 타기나 운전 등을 한 번 몸에 익히면 평생 사용할 수 있게 된다. 만약 신경세포가 다른 세포들처럼 주기적으로 교체된다면 인간은 주기적으로 기억을 잃고 모든 것을 새롭게 배워야 할 것이다. 물론 세포가 교체되지 않는다고 좋은 것만은 아니다. 신경세포의 재생은 거의 불가능하기 때문에 뇌에 손상을 입은 경우, 그 후유증이 평생 고착될 수 있다.

누군가에게 전화번호를 들으면 듣는 순간에는 번호를 모두 기억하는 것같이 느끼지만 대개 몇 분만 지나면 잊어버리곤 한다. 내가 그 숫자 몇 개를 기억하지 못할 만큼 머리가 나빠서인가, 아니면 주의력과 집중력이 부족해서일까. 단 몇 개의 숫자에 불과하지만, 전화번호를 기억하는 것은 대다수의 사람에게 상당한 노력과 집중력을 요구한다. 이는 머리가 나빠서라기보다는 인간의 뇌가 가진 기억 구조 체계의 한계 때문인 경우가 많다.

기억력이 어떻게 구조화되어 있는가는 오래전부터 사람들의 관심거리였다. 그중 가장 널리 받아들여지는 이론은 인간의 기억은 저장되는 시간적 길이에 따라 단기기억short-term memory과 장기기억long-term memory으로 나뉜다는 것이다. 먼저 단기기억이란 뇌가 사고활동을 하는 동안 들어온 정보가 30초~몇 분간 기억되는 것을 말한다. 114 안내 멘트에서 들은 전화번호를 버튼을 누르는 동안은 기억하는 것, 받아쓰기를 할 때 선생님이 불러준 문장을 글씨를 쓰는 동안에는 기억하는 것이 대표적인 예다. 이렇게 우리 뇌는 단기적인 기억을 할 수 있기에 주변 상황에 맞춰 행동하는 것이 가능하다. 그러나 상황은 시시각각 바뀌므로 뇌는 자주 반복되는 것이나 강력한 인상을 남긴 것들만을 장기기억 보관소에 넘기고 나머지는 바로바로 비워버리는 과정을 반복한다. 컴퓨터도 레지스트리 파일들을 주기적으로 지워줘야 원활하게 돌아가듯, 우리의 뇌도 원활한 작동을 위해 보관할 가치가 적은 임시 기억들은 바로 없애버리는 것이 훨씬 효율적이기에 이런 시스템으로 진화한 것이다.

이렇게 수없이 잊히는 단기기억들 중에 반복적으로 접하거나 강한 심리적·정서적 변화가 생길 경우 기억의 응고화consolidation가 일어나 오랫동안 잊히지 않는 장기기억으로 변한다. 뇌에 장기기억이 저장되는 과정에서 중요한 역할을 하는 것은 머리 양옆 부위에 위치하는 해마hippocampus다. 해마의 역할은 한 환자의 불행한 일생으로부터 얻게 된 귀중한 지식이다. H. M.이라는 이니셜로 기억되는 이 남자 환자는 심한 간질을 앓고 있었다. 일상생활을 할 수 없을 정도로 고통받던 그는 최후 수단으로 뇌 일부를 절제하는 수술을 받기로 결심한다. 수술 후 다행히도 그의 간질 증상은 깨끗이 사라졌다. 그러나 불행히도 그의 미래 역시 사라졌다. 수술 이후 그는 기억을 저장하는 능력을 완전히 잃어버렸기 때문이다. 영화 〈메멘토〉의 주인공처럼 말이다. 그는 몇 년째 같은 병원에 입원하고 있었지만, 매 시간 자신이 어디 있는지, 자신에게 주사를 놓고 약을 가져다주는 의료진들의 이름이 무엇인지를 물었고, 대답을 들었으나 곧 잊어버렸다. 의사들이 그의 머리에서 잘라낸 부위가 그의 기억마저 가져가버린 것이다. 그 부위는 바로 해마 부위였다.

해마가 장기기억과 관련된 부위임은 확실하지만, 그렇다고 장기

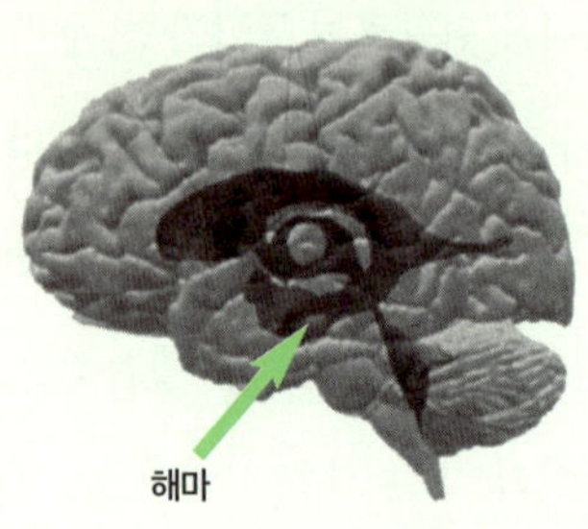

해마라는 부위를 잘라내면 그 인간의 기억마저 사라져 삶 자체가 위기에 직면할 수 있다.

기억이 해마에 저장되는 것은 아니다. 해마를 잃은 H. M.의 경우에도 수술 이전에 있었던 일은 기억할 수 있었다. 그가 잃은 것은 해마를 잃은 이후의 장기기억이었다. 따라서 해마는 장기기억을 저장하는 부위는 아니지만, 단기기억이 장기기억으로 변환될 수 있도록 응고화하는 데 중요한 역할을 하는 부위라 할 수 있다. H. M.에게서 알아낸 또 한 가지 사실은 기억의 응고화가 생각보다 오래 걸린다는 것이었다. H. M.의 기억 상실은 수술 이후뿐 아니라 수술받기 1~2년 전의 기억까지 거슬러 올라갔다. 이는 기억의 완전한 응고화에 꽤 오랜 시간이 걸릴 수 있다는 사실을 반증하는 것이다.

그렇다면 실제 뇌의 신경세포에서는 어떤 원리로 단기기억이 장기기억으로 전환되는 것일까. 이에 대한 해답의 실마리를 제공한 이는 미국의 생리학자 칸델Eric Kandel, 1929~ 교수다. 칸델 교수는 하등생물인 민달팽이를 이용해 장기기억이 형성되는 메커니즘을 밝힌 공로로 2000년 노벨상을 수상했다. 실험 결과 그는 달팽이의 촉수를 건드리면 촉수를 감추는 것처럼 민달팽이 역시 동일한 반응을 보인다는 것을 알아냈다. 이에 민달팽이의 촉수를 건드리면서 동시에 꼬리에 아주 약한 전기 충격을 줘봤다. 이 실험이 반복되자 민달팽이에게는 전류를 감지하면 촉수를 숨기는 조건반사적 장기기억이 형성됐다. 칸델 교수는 바로 이 민달팽이의 신경세포를 분석해 기억에 관여하는 물질을 알아낸 것이다.

그가 찾아낸 물질은 크렙CREB이라는 단백질이었다. 크렙 단백질은 신경세포의 새로운 회로를 만드는 유전자를 활성화하는 물질이다. 크렙 단백질이 활성화되면 신경세포에는 새로운 회로가 만들어지고, 이렇게 생긴 회로는 몇 시간에서 몇 주간 지속된다. 민달팽이에게 장기기억이 형성된 것이다. 사람 역시 이와 비슷한 경로를 통해 새로운 기억이 형성된다. 물론 장기기억이 형성되었다고 무조건 영구적으로 유지되는 것은 아니다. 그러나 우리의 뇌는 한정된 공간 안에 계속해서 정보를 입력해야 하기 때문에, 오랫동안 쓰지 않으면 시냅스의 재편에 의해 기존 회로는 없어지거나 다른 정보가 담긴 회로로 변형된다. 따라서 어떤 기억을 잊어버리기 않기 위해서는 반복 학습을 통해 회로가 사라지지 않도록 자꾸 자극하는 노력이 필요하다. 이미 다 외운 영어단어라도 오랜 시간이 지나면 잘 기억나지 않는 것은 반복되지 않는 회로는 지워버리는 뇌의 경제적인

1995년에 있었던 삼풍백화점 사고 현장. 500명이 넘는 목숨을 앗아간 대참사는 인간 뇌에 깊이 각인되기 때문에 반복해서 학습하지 않아도 오랫동안 지워지지 않는다.

속성 때문이다. 때로는 반복되지 않아도 영구적인 기억으로 남는 정보들도 있는데, 우리의 뇌는 감정적이거나 격렬한 정서적인 반응과 연관된 정보들을 더 확실하게 저장하기 때문이다. 그래서 아주 기뻤거나 슬펐던 경험, 무서웠거나 신났던 기분들과 연관된 기억들은 뇌리에 아로새겨져 쉽게 잊히지 않는 것이다.

1

뇌에 대한 깊이 있는 이해는 어쩌면 사망의 정의와 낙태 허용 여부와 같은 곤혹스러운 사회 문제에도 영향을 줄 수 있다. 우리는 인간이 특별한 존엄성을 지닌 존재라고 생각한다. 논리적 함의에 비추어볼 때 인간의 본질적 특성은 인간 고유의 지적 능력이다. 따라서 인간 생명의 특별한 존엄성은 대뇌피질의 발달과 기능으로 확인할 수 있을 것이다. 이에 따라 만약 대뇌피질의 상당 부분이 아직 활동하고 있다면 혼수상태에 빠진 환자라도 살아 있다고 말할 수 있을 것이고, 반면 신체 다른 부위에는 이상이 없더라도 대뇌피질이 돌이킬 수 없을 정도로 손상되었다면 인간으로서는 사망했다고 볼 수 있을 것이다. 마찬가지의 논리를 낙태에도 적용할 수 있다. 현재 낙태 문제는 '여성의 몸에 대한 자주권'과 '태아의 생존권'으로 양분되어 한

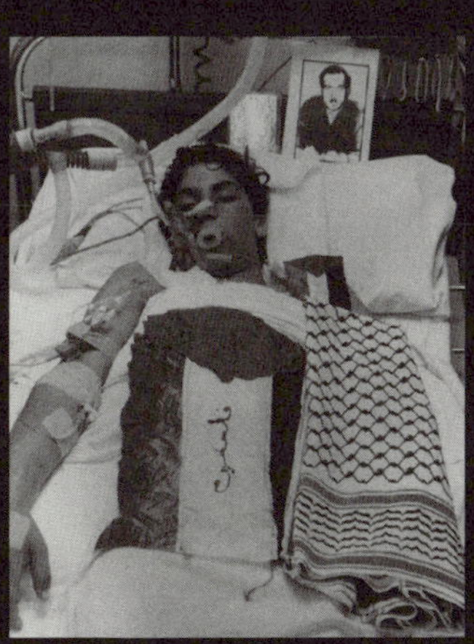

치의 양보도 없이 치열하게 부딪치고 있다. 그러나 나(세이건)는 현실적으로 중요한 문제는 태아가 인간이 되는 시점이 언제인가 하는 것이라고 생각한다. 아마도 태아의 뇌전도상에서 대뇌피질의 활동이 시작되는 시점을 인간성을 보이기 위한 시점으로 삼을 수 있을 것이다. 그렇다면 대뇌피질의 활동이 잡히기

이전에는 인간이라 규정지을 수 없기 때문에 이를 근거로 낙태의 허용 시기를 정할 수 있을 것이라 생각된다. 또한 이런 원리는 인간에게만 적용되는 것은 아닐 것이다. 영장류, 고래, 돌고래 등 일부 포유류가 지닌 지적 능력의 증거는 충분하다. 그리고 이러한 지적 능력에는 대뇌피질의 활동이 뒷받침되어야 한다. 따라서 지능을 가진 동물들을 죽이는 행위는 '지적 능력을 지닌 존재에 대한 존엄성'을 훼손시키는 심각한 범죄가 될 수 있을 것이다.

—『에덴의 용』 중에서

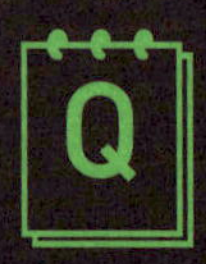

위의 내용에서 칼 세이건은 '인간이라는 생물에 대한 특별권' 대신 '지적 능력을 지닌 존재에 대한 존엄권'을 주장한다. 뇌사 문제와 낙태 문제에 대한 세이건의 주장을 정리하고, 이에 대해 자신의 의견을 피력하여 비판하라.

『마음은 어떻게 작동하는가』

스티븐 핑커 지음 | 김한영 옮김 | 소소

'마음'은 이전에는 심리학에서만 다뤘고, 너무 복잡하고 미묘해서 과학이라는 엄밀한 학문이 다룰 분야가 아니라고 여겨졌다. 그런데 20세기 중반 이후 사이버네틱스, 정보 이론, 뇌과학 등이 새로운 이슈를 제기하면서 마음을 과학의 영역 안으로 끌어들였다. 이 책의 저자 핑커는 "마음은 뇌의 활동인데, 뇌는 정보를 처리하는 기관이며 사고는 일종의 연산이다. 마음은 여러 개의 모듈 즉 마음 기관들로 구성되어 있으며, 각각의 모듈은 이 세계와의 특정한 상호작용을 전담하도록 진화한 특별한 설계를 가지고 있다"고 정의한다. 그리고 나서 핑커는 마음을 설명하기 위해 언급되는 것들, 가령 일반지능·문화 형성 능력·범용 학습 전략들은 곧 사라질 것이라 말하고, '역설계'(역설계란 대상을 분해하고 구조를 분석하여 그 설계로 거꾸로 파악해가는 기법을 말한다)하는 과정을 보여 주면서 마음은 자연선택에 의해 진화해나갈 것이라고 말한다. 이 책은 최근 많은 담론으로 둘러싸여 있는 인간 마음에 대해 새로운 인식의 계기를 마련해줄 것이다.

이 책은 일종의 자서전이다. '불확정성의 원리'를 통해 양자역학의 수립에 공헌한 천재 물리학자였던 하이젠베르크가 직접 쓴 일대기인 것이다. 그러나 이 책이 단순히 자서전으로 분류되지 않는 것은, 그가 청년 시절부터 은퇴할 때까지 수많은 사람들을 만나고 그들과의 토론을 통해 물리학에 대한 이해를 쌓고, 이론을 정립해나가는 과정이 고스란히 들어 있기 때문이다. 그가 친구나 은사, 선후배와 나누는 대화와 토론의 궤적은 그대로 현대 물리학과 양자역학의 수립 과정이라 해도 과언이 아니다. 이제 하이젠베르크의 일생을 통해 그가 가졌던 세상에 대한 의문들과 그것이 토론과 심사숙고를 통해 어떻게 과학 이론으로 성립되어 가는지를 따라가보자.

“모든 것은 절대적이지 않다”

하이젠베르크의 『불확정성의 원리』

하이젠베르크는 누구인가?

베르너 하이젠베르크Werner Heisenberg, 1901~1976는 독일의 물리학자이자 철학자이다. 그는 20세기를 대표하는 물리학인 양자역학[1]의 수립에 결정적으로 기여한 인물이다. 뮌헨대에서 평생 친구가 된 파울리[2]와 함께 조머펠트 교수에게 물리학을 배운 그는 22세가 되던 1923년 유체 흐름 속의 난류에 대한 연구로 박사 학위 논문을 완성했고, 26세에 교수가 되었다. 1927년 '불확정성의 원리'를 발표하여 양자역학을 형성하는 데 결정적인 역할을 했으며, 이로 인해 1932년 31세의 젊은 나이로 노벨 물리학상을 수상했다. 2차 세계대전 중 독일의 많은 과학자들이 나치에 반대하며 미국으로 망명해 원자폭탄 개발에 협조했던 것과 달리 그는 끝까지 독일에 남았고, 전후에도 계속해서 원자력의 평화적 이용을 앞장서서 주장한 대표적인 과학자였다. 1954년 제네바에서 유럽원자핵공동연구소CERN를 조직했고, 베를린대 교수와 막스플랑크 연구소 소장 등을 역임했다.

왜 '**부분과 전체**'인가?

하이젠베르크는 왜 자신의 책에 '부분과 전체'라는 제목을 붙였을까? 이 책은 하이젠베르크가 쓴 일종의 회고록이다. 젊은 그는 친구 파울리를 비롯해 스승이었던 닐스 보어, 대선배인 아인슈타인 등 쟁쟁한 물리학자들과 만나 심도 깊은 토론을 통해 과학과 철학에 대한 이해를 넓히고 중요한 이론을 만들어낸다. 그렇기 때문에 책의 많은 부분은 하이젠베르크와 그 동료들의 대화로 구성된다. 그렇더라도 하이젠베르크는 왜 자신의 자전적 이야기에 '부분과 전체'라는 제목을 붙였을까?

옛 속담 중 '나무는 보되 숲은 보지 못한다'라는 말이 있다. 이는 지엽적인 것에 치우쳐, 그보다 더 중요한 전체의 모습을 놓치는 것을 뜻한다. 최근 들어 과학을 비롯한 모든 학문이 발달하면서, 학자들은 이전 세대보다 자신이 연구하는 분야에 대해 더욱 세밀하고 정교한 지식들을 축적하고 있다. 그러나 학문이 고도화 · 전문화되면서 오히려 자기 전공 분야에만 매몰되어 다른 분야 사람들과 교류하거나 배우려고 하는 노력은 약화되어가고 있다. 이는 깊이는 있되 너무 좁은 분야의 지식만을 가진 사람들을 양산하는 약점을 지닌다. 사실 아무리 중요한 '부분'이라고 해도 세상은 어떤 한 부분만으로는 돌아가지 않으며, 이들이 모두 통합되어 구성된 '전체'의 원리가 바로 세상의 원리인 것이다. 하이젠베르크는 바로 현대의 학자들이 자기 분야에만 빠져들어 전체적인 조합을 보지 못하고 시야가 협소해지는 것을 경계했다.

나아가 그는 과학의 각 분야뿐 아니라 과학과 철학·종교·사회·정치적 문제들과의 연결도 중요시했다. 이 책은 기본적으로 원자물리학을 둘러싼 토론이 주요 골격이지만, 그와 동료들의 토론에는 물리학뿐 아니라 인간적·철학적·정치적 문제들이 자주 등장한다. 이에 대해 하이젠베르크는 자연과학이 일반적인 문제들과 분리되어서 성립하기는 매우 어렵기 때문이라고 밝힌다. 그는 부분과 전체를 논하는 자신의 토론에 되도록 넓은 범위의 많은 사람들이 참여해주길 원하는 바람을 숨기지 않고 있다.

"모든 것은 **절대적이지 않다**"

물리학에 있어서 '이해'의 문제

하이젠베르크는 젊은 시절 동료들과 대화를 나누며 '이해' 라는 개념에 대해 논쟁을 펼친 바 있다. 그는 지구의 운동을 예로 들어 설명했다. 고대 그리스의 천문학자 아리스타르코스는 태양이 우리 행성계의 중심일 가능성을 오래전 제시한 바 있다. 그러나 이 주장은 곧 잊혀졌고, 프톨레마이오스가 주전원周轉圓의 조합으로 지구와 태양의 움직임, 일식과 월식의 시기를 정확히 계산할 수 있는 방법(천동설)을 내놓자 그의 학설은 이후 1500여 년간이나 천문학의 확실한 기초로 자리잡았다. 그러나 아리스타르코스나 프톨레마이오스가 진정으로 행성계에 대해 이해했다고 말할 수 있을까? 태양계의 중심은 태양이며 태양을 둘러싼 행성들은 만유인력의 법칙에 의해 움직인다. 그렇기에 그는 중력과 관성의 법칙을 알아내서 행성들이 움직이는 실제

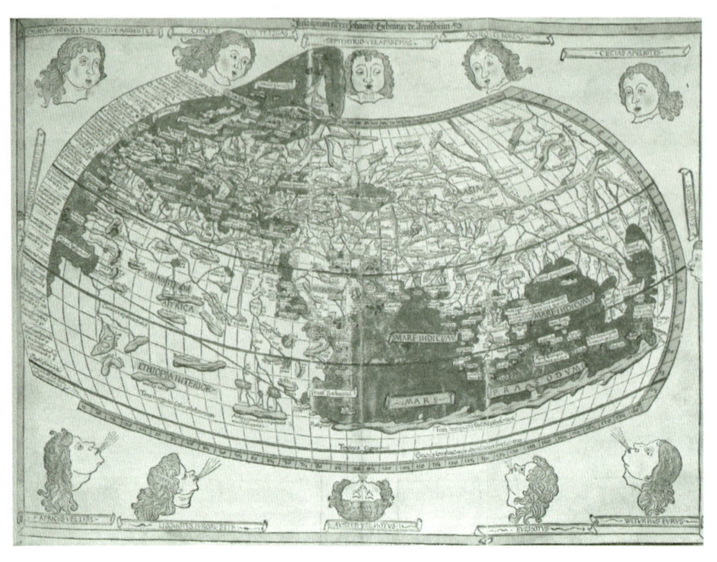

1500년간이나 천문학의 확고한 지식으로 자리잡았던 프톨레마이오스가 그린 세계지도. 하지만 그는 행성들이 움직이는 실제적인 원인을 밝혀내지 못했기에 이 운동들을 진정으로 '이해했다'고 보기 어렵다.

적인 원인을 밝혀낸 뉴턴이 최초로 이 운동들을 진정으로 '이해'한 사람이라고 주장했다.

그런데 그는 동료들과의 대화 속에서 '이해'에 대한 개념을 모두 다르게 정의내리고 있음을 발견하게 된다. 이해란 다양한 현상을 통일되게 연관된 것으로 인식할 수 있음을 말한다. 그리하여 '이해'에 대한 개념은 인간 지성의 확장과 더불어 변화한다. 더 많은 것을 알게 되면서 이해의 폭도 넓어지는 것이다. 인식의 확장 가능성과 그로 인한 이해의 변화 가능성을 인정하지 않는다면 '이해'는 더이상 '이해되지 않는' 무언가로 남을 뿐이다.

위대함은 '결단'에 있다

　미국 대륙을 서양에 소개한 콜럼버스의 위대성은 어디서 나오는가? 그것은 지구가 구형이라고 생각하여 동방의 인도를 가기 위해 서쪽으로 떠난 것도, 세심한 준비나 전문가적인 장비도 아니었다. 지구가 둥글다는 아이디어는 오래전부터 있었던 것이며, 항해 준비는 꼼꼼한 이라면 누구나 할 수 있다. 하이젠베르크는 콜럼버스의 위대성은 되돌아가는 일이 불가능해지는 바로 그 지점에서도 포기하지 않고 더 멀리 서쪽으로 뱃머리를 돌린 결단에 있다고 말한다.

　마찬가지로 과학에서도 실질적인 신세계, 즉 새로운 이론의 수립은 지금까지 과학이 서 있었던 그 밑바탕을 박차버리고 허공에 뛰어들 각오가 되어 있을 때만 얻어질 수 있는 것이라고 말한다. 아인슈타인은 상대성이론을 주창하며, 그때까지 물리학이 확고한 바탕으로 삼고 있던 동시성의 개념을 포기한 바 있

하이젠베르크가 새로운 이론을 내놓을 수 있었던 것은 아인슈타인처럼 기존의 지배 이론을 박차버렸기 때문이다. 그만큼 아인슈타인의 영향과 교분은 컸지만, 정작 하이젠베르크가 새로운 이론을 내놓자 아인슈타인은 최대 공격자가 되었다.

다. 한편 많은 물리학자나 철학자들은 동시성에 대한 기존 개념의 포기를 받아들이지 못해 상대성이론의 격렬한 반대자로 나서게 된다. 이처럼 과학의 진보는 그 종사자들에게 새로운 사고를 받아들여서 그것을 구체화할 것을 요구한다. 그렇지만 지금까지 '진리'라고 믿어왔던 것을 포기하고 새로운 진리를 받아들이는 것은 결코 쉽지 않은 일이다.

하이젠베르크도 자신의 이론을 세상에 내놓았을 때 아인슈타인과 같은 과정을 겪는다. 이전까지는 지구의 공간과 시간 안에서 일어나는 일은 직관적인 현상들이어야 하며, 불연속성 같은 것은 이론으로 인정받을 수 없다고 믿어왔다. 하지만 하이젠베르크는 원자 안의 현상들을 직관적으로 설명하기는 불가능하며, 불연속성은 관찰되는 진실이라고 여겼다. 이런 생각을 통해 그는 마침내 '불확정성의 원리'를 도출해내기에 이른다.

하이젠베르크가 불확정성의 원리를 발견하던 것과 같은 시기, 닐스 보어 역시 비슷한 생각을 하고 있었다. 그 역시 인간은 항상 '우리가 관찰 가능한 세계' 즉, 거시세계巨視世界를 바탕으로 생각하고 추론하기 때문에 원자와 같은 미시세계微視世界를 기술할 때에는 한계에 부딪히기 마련이라고 여겼다. 원자와 같은 미립자세계에서는 거시세계와는 전혀 다른 물리적 상황이 펼쳐지고, 따라서 이를 설명하기 위해서는 미시세계에 맞는 새로운 개념과 용어가 필요하다는 것이었다.

이는 아인슈타인 이전에 지배적이었던 빛의 파동설과 입자설에 반기를 든 데서 예를 찾아볼 수 있다. 빛을 구성하는 광자는 미시적 물질이다. 그러나 거시세계에서 이를 관찰하는 우리 입장에서는 빛은 광자 그 자체가 아니라, 입자처럼 행동하는 무엇, 혹은 파동처럼 행동하는 무엇으로 보이기 마련이다. 그리고 우리는 거시세계에서 입자와 파동은 결코 중첩될 수 없는 존재라는 사실을 알고 있다. 그래서 보이는 대로 빛을 입자 혹은 파동이라고만 정의해 설명하면, 빛이 가진 입자성과 파동성의 두 가지 성질 때문에 모순이 생기기 마련이다. 따라서 광자라는 미립자를 통하지 않고 입자와 파동이라는 거시세계의 용어만으로 빛을 설명한다면 반드시 한계에 부딪히게 된다. 이처럼 원자 수준에서 일어나는 현상을 보통의 일상용어로 설명하는 데 한계가 있다는 것을 보어는 '상보성의 원리'라고 표현했다. 이는 '상호 배타적인 것은 상보적이다 Contraria sunt complementa'라는 말로 정의되었고, 이에 따라 위치와 운동량, 시간과 에너지, 파동과 입자 등 서로 배타적인 것들은 상보적인 관계에서 설명해야 한다는 것이 알려졌다. 보어의 상보성 원리와 하이젠베르크의 불확정성 원리는 결국 양자역학에 대한 정통 해석으로 알려진 '코펜하겐 해석'으로 불리게 된다.

그러나 아이러니하게도 하이젠베르크가 처음 이 이론을 세상에 내놓았을 대 정면으로 공격한 사람은 다름아닌 아인슈타인이었다. 하이젠베르크는 아인슈타인이의 상대성이론을 통해 절대공간을 가정했던 뉴턴의 고전역학에 정면으로 도전하는 것에 착안하여, 모든 것이 확률로 계산되는 불안정한 세상의 모습을 보여주었던 것이다. 그러나 확률론적 인과론을 기초로 한 불확정성의 원리와 양자역학에 대해 아인슈타인은 '신은 주사위 놀이를 하지 않는다'며 이를 비판했다. 아인슈타인은 이후로도 자신의 뜻을 꺾지 않았고, 끝까지 양자역학을 인정하지 않았다.

불확정성의 원리 : 절대적인 것은 없다

아인슈타인이 하이젠베르크를 공격하게 만든 불확정성의 원리는 무엇인가. 불확정성 원리不確定性原理, uncertainty principle란 말 그대로 어떤 물체의 위치와 속도를 동시에 정확하게 측정하는 것은 불가능하다고 주장한 법칙이다. 즉, 어떤 물체의 정확한 속도를 측정하면 위치를 정확히 알 수 없고, 위치를 정확하게 파악하면 속도를 정확히 측정할 수 없다는 이론이다. 이는 측정 도구나 방법의 문제가 아니다. 우리는 현재 컴퓨터 계산을 통해 비행기의 위치와 속도를 계산하고, 포탄의 위치와 속도를 계산함으로써 원하는 곳만을 포격하는 것이 가능한 세계에 살고 있으니 이 말은 얼핏 어불성설로 들릴 수도 있다. 그러나 아인슈타인의 상대성이론이 뉴턴의 고전역학 이론을 뒤집었음에도 불구하고 여전히 우리가 교과서에서 뉴턴의 법칙들을 배우는 것은, 일상생활에서는 상대성이론보다는 뉴턴 역학이 더 잘 들어맞기 때문이다. 실제로 불확정성의 원리도 우리가 일상적으로 접하는 시공간이 아니라 원자 수준의 미시적 차원에서 적용되는 원리이기 때문에 실생활에서는 이를 경험하는 것이 거의 불가능하다.

화학 시간에 배운 원자의 구조를 떠올려보자. 중앙에는 원자 전체에서 차지하는 부피는 극히 작지만 질량의 대부분을 가지는 원자핵이 존재하고, 그 주위를 전자구름이 감싸고 있는 형태의 원자 말이다. 빠르게 움직이는 전자들의 위치를 파악하기 위해서는 전자에다가 빛을 비추고 거기서 반사되어 나온 빛을 관측해야 하는데, 광자光子로 이루어진 빛이 전자에 부딪히는 순간 전자의 속도가 달라지므로 정확한 속도를 알아낼 수 없다. 또한 위치를 정확하게 파악하기 위해서는 빛의 파장은 짧을수

원자 수준에서 '전자의 위치를 파악하려면 속도의 오차 값이 커지고, 속도를 측정하려면 위치의 오차 값이 커진다.' 즉 '모든 것은 절대적이지 않다'는 것이 바로 하이젠베르크의 불확정성의 원리다.

원자의 구조.

록 좋은데, 짧은 파장의 빛일수록 에너지가 커서 그만큼 전자의 속도를 더 많이 변하게 만든다.

그리하여 전자의 속도를 측정하기 위해서는 전자의 속도에 영향을 미치지 않도록 에너지가 작은 긴 파장의 빛을 비춰야 하는데, 이 경우는 반사가 너무 느려서 전자의 위치를 정확히 측정할 수가 없다. 따라서 원자 수준에서는 전자의 위치를 정확히 측정하려 할수록 속도의 오차 값은 커지고, 반대로 속도를 정확히 측정하려 하면 위치의 오차 값이 커지게 된다. 이처럼 하나의 변수를 확정하면 다른 변수의 부정확도가 더 커지는 것이 바로 하이젠베르크가 말한 '불확정성 원리'이다. 이 원리에 따르면 속도를 정확히 예측하기 위해 위치는 계산 값을 통한 확률로밖에 나타낼 수 없다. 예컨대 속도가 이 정도면 어떤 위치에서 발견될 확률이 몇 퍼센트라는 식이다. 간단히 말해 불확정성의 원리는 모든 것은 '절대적이지 않다'는 개념을 담고 있다.

전체를 바라보는 부분의 삶

하이젠베르크가 살던 시기는 현대 물리학의 전성기였으며,

두 번에 걸친 세계대전으로 전 인류가 혼란에 빠져 있던 시기이기도 했다. 그는 이런 때일수록 전체를 보는 삶이 중요함을 깨닫는다. 그는 한 히틀러 유겐트[3] 청년과의 대화를 통해 전체를 고려하지 않는 편견이 얼마나 위험할 수 있는지를 단적으로 보여준다. 비단 히틀러에 의해 세뇌된 청년의 사고방식뿐 아니라 모든 사람이 쉽게 빠져드는 사상적 편견에 대해 경고한 바도 있다. 즉, 그는 전체를 고려하지 않고 부분적인 책무에만 충실했을 경우 발생할 수 있는 심각성을 지적하는 것이다.

우리는 각각 자신의 자리에서 책무를 다하는 것을 미덕으로 여긴다. 하지만 전체를 고려하지 않고 부분적인 책무에만 열중하는 것은 오히려 전체의 균형을 깨뜨리는 경우가 많다. 마차를 끄는 말들이 달리기라는 부분적 책무에만 충실하여 전체적인 방향을 생각지 않고 달리기만 한다면 결국 마차는 제대로 달릴 수 없는 것과 같은 이치다.

전체를 생각하는 부분으로서의 삶의 중요성은 그가 페르미와 나눈 대화를 통해서도 드러난다. 2차 세계대전 당시, 페르미는 독일에서는 더 바랄 것이 없다며 하이젠베르크에게 미국으로 망명할 것을 간곡히 설득한다. 그러나 그는 끝까지 독일에 남는 삶을 택한다. 하이젠베르크는 독일에 남아 미국의 맨해튼 프로젝트와 비슷하게 실시되었던 히틀러의 원자폭탄 계획에 참여한 것이 아니라, 원자폭탄의 살상용 무기 개발을 적극 저지하고 나섰다. 만약 그가 부분으로서의 삶에 만족했다면 인류의 미

나치 독일의 유대인 학살 핵심 책임자인 카를 아돌프 아이히만의 증언 모습. 그는 유럽 전역에서 잡
혀온 유대인 600만 명을 학살한 책임을 지고 있는데, "유대인을 학살하라는 상부의 명령을 충실히
따르는 일이야말로 옳은 일이었다"고 털어놓았다. 인류 전체를 생각하기보다는 자신의 부분적 책무
에만 충실했던 것이다.

래보다는 그저 과학적 실험과 연구 결과에만 주목했을 것이다. 하지만 하이젠베르크는 전체를 바라보는 부분의 삶을 선택했기에, 인류를 멸망케 할지도 모르는 원자폭탄의 개발을 도저히 묵과할 수 없었던 것이다. 이런 그의 성향은 전후에도 계속 이어져 원자력의 무기화를 막고, 인류의 미래를 위해 원자력의 평화적 이용을 가장 앞장서서 주장한 학자가 되었다.

그는 과학자로서의 책무에만 충실하여 인류의 미래를 위험에 빠뜨릴 수도 있는 행동을 삼갔으며, 독일 과학자라는 부분적 책무보다는 인류 전체에 대한 과학자의 역할을 파악하여 원자력을 살상무기가 아닌 인류를 위한 에너지원으로 사용하는 데 앞장선 인물이었다. 즉, 개인이라는 한 부분으로 살아가는 삶 속에서도 전체를 바라보는 시각을 지녔던 사람이 바로 하이젠베르크였던 것이다.

양자역학, **원자의 비밀**을 밝히다

하이젠베르크의 불확정성의 원리를 이해하기 위해서는 먼저 소립자에 대한 기본적인 이해가 전제돼야 한다. 불확정성의 원리는 우리가 살아가는 일상생활에는 적용되지 않는 것처럼 보인다. 이는 소립자의 세계를 설명하는 양자역학의 원리와 일상생활에 적용되는 고전물리학의 원리가 전혀 다른 계산을 토대로 만들어지기 때문이다.

아톰으로 이루어진 세상

원자原子, atom란 물체를 구성하는 최소 단위 입자를 말한다. 자연 상태에서는 1번 수소부터 92번 우라늄까지 총 92종의 원자가 천연적으로 존재하며, 원자핵반응을 통해 만들어진 인공 원소들이 10여 종 존재한다.

원자의 기본 구조를 살펴보면 1개의 원자핵과 그것을 둘러싼 1

개 혹은 여러 개의 전자로 이루어진다. 원자핵의 양전하와 여기에 짝을 이루는 음전하를 띤 전자가 정전기적 인력에 의해 상호작용하여 전체적으로는 중성을 띤 원자를 만든다.

원자의 크기는 약 10^{-10}미터인데, 그중 원자핵이 차지하는 크기는 10^{-14}미터로 극히 일부분에 불과하다. 하지만 원자 전체에서 아주 일부에 불과한 원자핵이 원자 질량의 대부분을 차지한다. 즉, 원자는 커다란 운동장 한가운데 놓인 조그만 야구공만 한 원자핵에 전체 질량이 집중되어 있을 정도의 독특한 구조를 지니고 있다.

원자핵은 어떻게 구성되나

원자 질량의 대부분을 차지하는 원자핵은 양성자와 중성자로 구성되어 있다. 양성자는 양의 전하를 가지고 있으며, 양성자와 전자가 결합된 중성자는 전기적으로 중성을 띤다. 원자의 종류는 그 원자핵을 구성하는 양성자와 중성자의 수에 의해 결정되는데, 특히 양성자의 개수가 중요하다. 예를 들어 양성자 12개를 가진 원자는 원자번호 12번, 즉 탄소다. 중성자의 개수는 원자의 성질에는 영향을

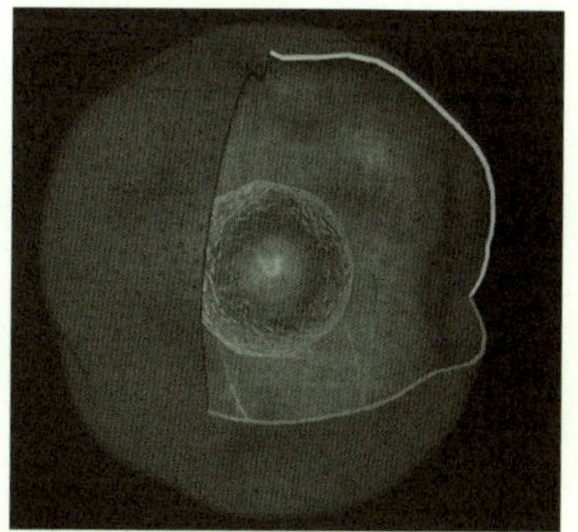

원자핵.

미치지 않고 원자의 질량에 차이를 나타낸다. 이처럼 같은 원자이면서 중성자의 차이로 인해 질량에 차이가 나는 원소를 동위원소라고 하는데, 동위원소는 핵분열이나 핵융합으로 인해 중성자의 붕괴 및 형성으로 같은 질량의 다른 원소로 바뀔 수 있다.

양자역학의 구성

원자핵과 전자로 이루어진 원자의 기본 구조가 알려진 것은 20세기 초, 러더퍼드의 실험에 의해서였다. 그러나 원자세계의 역학을 이해하게 된 것은 아인슈타인과 드 브로이에 의한 물질파의 개념과 보른에 의한 파동함수의 해석, 하이젠베르크와 슈뢰딩거에 의해 형성된 양자역학이 출현한 이후다.

양자역학의 배경에는 빛의 독특한 성질에 대한 연구가 깔려 있다. 빛은 전자기파의 일종이지만 광전효과를 나타내는 경우처럼 입자로 행동하는 경우가 있다. 이 때문에 학자들은 빛이 입자인지 혹은 파동인지를 두고 오랫동안 논쟁을 벌여왔다. 이 모순된 문제를 해결한 이는 아인슈타인으로, 빛은 파동처럼 움직이는 광자라는 입자로 구성된 물질이라는 점을 밝혀냈다. 이후 일종의 입자로 알려진 전자 역시 파동성을 가지고 있음이 밝혀지면서, 미시적 물질세계의 존재들은 입자와 파동의 이중성을 모두 갖는다는 것이 알려졌다.

이렇게 모순적인 상태를 모두 가지는 소립자세계의 역학을 설명
한 것이 바로 양자역학으로, 양자역학에서는 원자 내 전자의 상태
는 파동함수로 나타내고, 에너지와 운동량 등의 역학적 양은 파동
함수에 작용하는 연산자로 나타낸다. 그리고 이들 둘 사이의 관계
는 슈뢰딩거의 파동 방정식에 의해 드러난다. 이 계산의 결과, 전자
의 위치는 어느 한곳에 고정되어 있는 것이 아니라 공간의 각 점에
서 발견될 확률로 주어지게 된다. 이는 위에서 말한 불확정성의 원
리에 의해 설명되는 특성이다.

양자역학, 원자폭탄을 탄생시키다

20세기는 물리학의 전성기라고 불렸다. 아인슈타인을 비롯하여,
보어, 하이젠베르크, 오펜하이머, 파인만 등 천재라고 불리던 수많
은 과학자들이 동시대인으로 교류하던 시기였기 때문이다. 그러나
또한 20세기는 물리학의 사회적 적용이 얼마나 큰 영향력을 가져오
는지 증명했던 시기이기도 하다. 바로 원자폭탄이 이때 등장했기
때문이다.

알려지다시피 원자폭탄은 1945년 8월, 일본의 히로시마와 나가
사키에 떨어져 제2차 세계대전을 한순간에 종식시키는 역할을 했
고, 수많은 원폭 피해자들을 낳게 한 장본인이다. 20세기 중반 아인
슈타인의 대표적인 수식인 $E=MC^2$(E=에너지, m=질량, c=광속)에 의

해서 에너지는 질량과 광속의 제곱이라는 어마어마한 숫자가 곱해져서 나오기 때문에, 원자핵 정도의 아주 작은 질량이라도 이를 에너지로 전환시킬 방법만 찾아낸다면 엄청난 에너지를 낼 수 있다는 가능성이 제시되었다. 하지만 문제는 어떻게 질량을 에너지로 전환시키느냐였다.

이에 대한 답은 양자역학이 제시했다. 양자역학을 연구하던 이들은 원자의 핵이 전기적으로 +인 양성자와 중성인 중성자(이는 양성자(+)와 전자(-)의 결합된 형태로 전기적으로 중성을 띤다)로 구성되어 있다는 것을 밝혀냈다. 그러나 핵은 영원불멸하는 것이 아니어서, 때로는 자연적으로 핵이 붕괴하여 방사선을 방출하면서 다른 원소로 바뀌는 경우가 있다. 예를 들어 천연 방사능물질인 우라늄(원자번호 92번)의 경우, 오랜 시간 동안 천천히 핵이 붕괴되면서 알파선(헬륨의 원자핵, 즉 양성자), 베타선(전자)을 방출하다가 결국에는 납(원자번호 82)으로 붕괴된다. 핵붕괴 시 발생되는 우라늄의 방사능은 매우 큰 에너지를 가지고 있지만, 반감기(절반이 붕괴되는 속도)는 약 45억 년으로 매우 완만하여서 자연상에서는 별다른 문제를 일으키지 않았다. 그러나 이 우라늄을 정제해서 모은 뒤, 하나의 우라늄에 인위적으로 힘을 가해 핵분열을 일으키면 여기서 튀어나온 중성자가 다른 우라늄 원소의 핵을 붕괴시키는 연쇄적 핵분열 나타낸다. 그러면 순식간에 모든 우라늄 원자 핵이 붕괴되면서 질량을 가

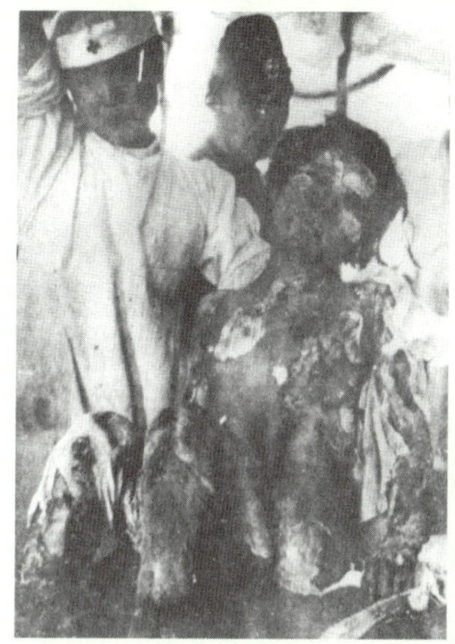
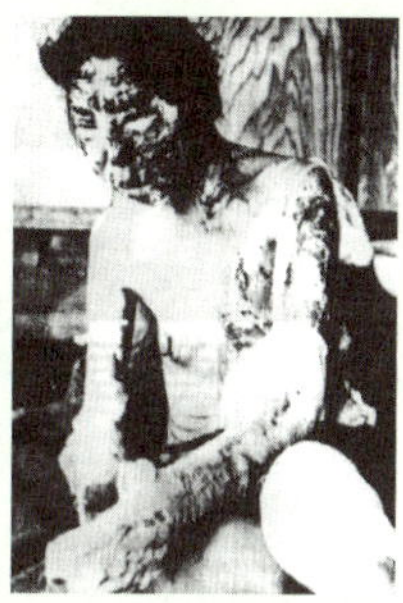

양자역학으로 인한 물리학의 발전은 과학 분야에 엄청난 진보를 가져옴과 동시에 참혹함도 가져왔다. 바로 최대의 살상력을 지닌 원자폭탄이 개발된 것이다. 사진은 원자폭탄 희생자들.

진 입자들이 튀어나오고, 이 과정에서 엄청난 에너지가 나온다는 계산이 도출된다. 이를 통해 오토 한과 마이트너는 원자폭탄이라는 가공할 무기가 현실적으로 가능하다는 결론을 내린다.

이들은 자신들의 계산이 맞다면 원자폭탄을 누가 개발하느냐에 따라 당시 세계를 재편하고 있던 전쟁(제 2차 세계대전)의 결과가 달라질 수 있을 것이라고 생각한다. 이들의 계산은 물리학자들 사이에 퍼져나갔고, 이는 결국 전쟁의 승리를 염원하던 미국에서 원자폭탄의 개발을 목적으로 하는 맨하탄 프로젝트[4]로 이어졌다.

1

패트리어트 미사일MIM-104 Patriot은 미국의 레이시온 사가 개발하여 생산하는 지대공 미사일이다. 1차 걸프전쟁에서 이라크의 스커드 미사일을 요격하면서 알려졌는데, 이로 인해 세상에는 '미사일 잡는 미사일'로 유명해졌다. 패트리어트 미사일은 내장된 관성항법 장치에 의해 자신 및 요격하고자 하는 대상의 속도와 가속도를 측정하여 위치를 예측한다. 이로써 움직이는 물체를 요격하는 것이 가능한데, 이를 위해서는 일정 시간 이후 요격 대상의 위치와 속력, 그리고 나(패트리어트)의 위치와 속력을 정확하게 파악하는 것이 관건이다. 그런데 하이델베르크의 불확정성 원리에 따르면 어떤 물체의 위치와 속력을 정확하게 파악하는 것은 근본적으로 불가능하다고 했는데, 어떻게 패트리어트 미사일 같은 요격 미사일이 가능한지 설명하라.

2

"현재 진행되고 있는 파국에 대해서는 아무도 어찌할 수가 없는 것이다. 파국이 지나간 다음에는 다시 생활이 계속되겠지만, 그때까지는 매우 많은 사람들이 죽어갈 것이 틀림없다. 그렇지만 살아남은 사람들은 그때에 더 나은 세계를 다시 세우기 위해 노력을 아끼지 말아야 할 것이 아닌가. 그렇다고 별반 좋은 세상이 온다고 할 수는 없을지도 모르지만, 전쟁은 거의 어떠한 문제도 해결하지 못한다는 사실을 알게 될 것이야. 적어도 몇 가지는 개선할 수 있을 것이고, 적어도 몇 가지 잘못은 바로잡을 수도 있을 것이라고 본다. 그런데 어째서 자네는 그러한 자리에 있으려 하지 않는단 말인가?"

— 『부분과 전체』 중 일부 발췌, 재정리

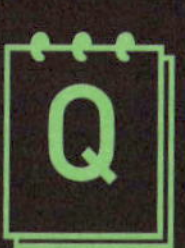

위의 내용은 하이젠베르크가 후배 과학자 오일러가 연구를 그만두고, 전쟁에 자원입대하겠다는 말을 들은 직후 그에게 한 말이다. 하이젠베르크는 오일러에게 과학자는 과학자로서 할 일이 있다고 설득했지만 오일러는 결국 입대 결심을 바꾸지 않았다. 전쟁 등 연구와는 다른 커다란 격변이 있는 시기에 과학자의 역할과 선택에 대해서 자신의 의견을 논술하여라.

『객관성의 칼날』

찰스 길리스피 지음 | 이필렬 옮김 | 새물결

기호와 수식으로 차있는 텍스트와 실험실에서 몸으로 때우는 작업에 익숙해 있는 과학도나 공학도가 문자 중심의 인문학에 접근하는 것은 쉬운 일이 아니다. 이들이 그나마 인문학 쪽으로 왕래할 수 있도록 교량 역할을 하는 것은 역사라는 인문학적 틀을 빌려 과학기술을 바라보려는 과학기술사 저술들이다. 『객관성의 칼날』은 바로 그런 욕구를 충족시켜주는 책으로, 1960년에 출간되어 과학사상사의 고전이 되었다. 저자는 갈릴레오에서 다윈을 거쳐 아인슈타인에 이르기까지 근대 과학을 수놓은 숱한 위대한 과학자들을 뒤쫓으며 대가다운 솜씨로 과학 사상의 역사를 엮어내고 있다. 특히 그는 근대 과학사를 자연 연구를 관통하는 객관성의 발전으로 묘사하면서 이를 '객관성의 칼날'이라 부르는데, 그 과학적인 진실에 도달하기까지의 산고를 박진감 있게 그려냄으로써 그 발전의 뒤안길에서 겪어야 했던 개개 과학자들의 고뇌를 또한 생생하게 드러낸다.

1 양자역학量子力學, quantum mechanics이란 전자·양성자·중성자 등의 소립자와 원자·분자를 이루는 다른 원자 구성입자들의 운동을 다루는 수리물리학의 한 분야다. 양자역학은 20세기 이후 발달한 것으로, 하이젠베르크, 슈뢰딩거, 보른, 디랙 등에 의해 정교화되었다. 20세기 초까지만 하더라도 물리학자들은 원자 수준의 미소微小세계에서 일어나는 일들도 뉴턴의 고전역학으로 기술될 수 있을 것이라 여겼다. 그러나 20세기 들어 물리학자들은 미소세계에서 일어나는 일들은 고전역학만으로 설명되지 않는 부분이 많다는 것을 알게 되었다. 이로 인해 새로운 원리를 가진 양자역학의 수립 필요성이 대두되었으며, 하이젠베르크를 비롯하여 파울리 등에 의해 발전하였다.

2 볼프강 파울리Wolfgang Pauli, 1900~1958는 오스트리아 태생 미국의 물리학자로 '파울리의 배타 원리'를 발견해 1945년 노벨 물리학상을 받았다. 파울리의 배타 원리란 한 원자 내에서 2개의 전자가 같은 에너지를 가질 수 없다는 것으로 양자역학을 설명하는 주요 이론이다.

3 히틀러 유겐트Hitler-Jugend란 1933년 아돌프 히틀러가 청소년들에게 나치의 신조를 가르치고 훈련시키기 위해 만든 조직이다. 만 10세가 되면 독일 소년은 관청에 등록되고 인종의 순수성에 대해 조사를 받게 되는데, 자격 요건을 통과하면 13세부터 18세까지 히틀러 유겐트에 가입되어 활동하게 된다. 소년들은 스파르타식 생활을 통해 나치에 순종할 의무와 협동심을 배우며 나치 당원으로 교육받는다. 소녀들 역시 독일 소녀동맹이라는 조직에 소속되어 가정에서의 의무 및 모성에 대한 가르침을 받았다.

3 맨하탄 프로젝트란 제2차 세계대전 중에 이루어진 미국의 원자폭탄 제조 계획으로 독일보다 앞선 원자폭탄 제조 계획을 염두에 둠으로써 시작되었다. 1941년 12월, 미국 정부의 '과학연구개발국'은 이를 본격적으로 시행하기로 결정하고, 1942년 8월에 '맨하탄 프로젝트'라는 암호명을 붙인 원폭 제조 계획을 시행했다. 이해 12월 2일에 시카고대학의 '야금연구소'(암호명)에서 원자핵분열의 연쇄반응이 성공했고, 1945년 7월 16일 뉴멕시코 주 아라마고드에서 사상 최초의 원자폭탄 실험에 성공했다. 이 결과는 실제 전쟁에 적용되어, 같은 해 8월, 일본의 히로시마와 나가사키에 리틀보이(우라늄 사용)와 팻맨(플루토늄 사용)이라는 이름의 원자폭탄이 투하되는 것으로 이어졌다.

SF 영화 〈A. I.〉의 주인공인 데이비드는 어린아이의 모습을 가진 로봇이다. 외로운 어른들에게 어린 아이만이 줄 수 있는 즐거움을 선사하도록 만들어진 로봇인 데이비드는 불치병에 걸린 아들 때문에 괴로워하는 엄마에게 주어지고, 처음에는 낯설어하던 그녀도 자신의 사랑을 애타게 갈구하는 데이비드에게 점점 마음을 열게 된다. 그러나 그녀의 친아들이 기적적으로 병이 나아 집으로 돌아오면서 한 엄마를 두고 사랑 다툼을 벌이는 두 아이 사이에서 엄마는 친아들을 선택하고 로봇 아들이었던 데이비드를 버린다. 이제 데이비드는 엄마가 쥐어준 곰인형과 거리에서 만난 지골로 로봇과 함께 엄마가 들려준 동화 속에 나왔던 '파란 요정'을 찾아 먼 길을 떠난다. 자신이 '진짜 사람'이 아니기 때문에 엄마가 자신을 버렸다고 생각하는 데이비드는 피노키오를 진짜 소년으로 바꾸어준 파란 요정만이 자신에게 엄마를 되찾아줄 수 있을 것이라 생각한다.

엄마의 사랑을 갈구하는 소년 로봇 데이비드의 슬픈 눈망울은 영화가 끝난 뒤에도 한참 가슴속을 맴돈다. 그리고 이런 질문을 던지게 된다. 인간의 과학기술은 날로 발전하고 있고, 언젠가 인간과 비슷한 행동을 하고 인간에 필적하는 지능과 의식을 지닌 존재를 인간이 만들어내게 된다면, 과연 그 존재를 인간은 어떻게 받아들여야 하는가라는 질문 말이다. 로봇이 고차원적 의식을 가지고 세상을 인식하게 된다면, 과연 우리는 그들을 어떻게 받아들여야 하는가? 우리는 지적 능력을 가진 로봇에 대해 우월한 지위를 유지해야 하는가, 아니면 그들을 우리와 동등한 능력을 가진 존재로 인정해주어야 하는가. 브루스 매즐리시의 책은 바로 이런 질문에 대한 나름의 해답을 담고 있다.

"인간은 특별하지 않다"

브루스 매즐리시의 『네번째 불연속』

브루스 매즐리시는 누구인가?

브루스 매즐리시Bruce Mazlish는 1945년 콜롬비아대를 졸업하고 1955년 같은 대학에서 역사학으로 박사 학위를 받았다. 그는 자본주의 문화와 과학기술 및 사회과학의 역사에 대해서 관심을 가지고, 세계사에 대한 통합적 개념화에 많은 노력을 기울이는 인물로 평가되고 있다. 1986년에는 사회과학 분야의 최고상인 '토인비 상'을 수상했고, 1993년에는 헤이든 국가도서 상을 수상했다. 저서로는 『서양의 지적 전통』(공저, 1986)을 비롯하여 *A New Science*(1983), *The Uncertain Science*(1998) 등이 있다.

인간의 **특권**을 없애다

인간 존재에 상처 입힌 세 사람

'천상천하유아독존天上天下唯我獨尊'이라는 말이 있다. 우리에겐 모 코미디 프로그램에서 잘난 척을 도맡아 하는 코미디언이 다른 사람들을 비웃을 때 쓰던 말로 익숙하다. 그러나 실제 이것은 석가모니가 태어날 때 외쳤던 말로, 우주 만물 중에 나, 즉 인간이 가장 귀중한 존재라는 뜻을 담고 있다. 이후 세월이 지나면서 이 말은 아무리 보잘것없어 보이는 중생일지라도 인간은 그 무엇보다 존귀한 존재라는 뜻을 지닌 말이 되었으며, 최근에는 자기가 제일 잘난 줄 아는 독선적인 인물을 뜻할 때 쓰는 말로 변질되고 말았다.

굳이 석가모니의 말을 들먹이지 않더라도 우리는 '인간은 만물의 영장靈長'이라고 생각한다. 인간은 생명체 중의 으뜸이며, 다른 것들과 구별되는 특별함을 지닌 존재로 생각하는 데 익숙하다. 동화 속의 인어공주와 피노키오가 그토록 인간이 되고 싶어하는 것도, 인간이 가장 귀한 존재이며 인간만이 영혼을 지녀 불멸한다는 믿음 때문이다. 이처럼 우리는 스스로를 자신을 둘러싼 지구에서 한 발짝 떨어뜨려 여타의 생물체와는 다른 '불연속적인 존재'라고 생각하는 데 익숙하다.

하지만 아이러니한 것은, 정작 인류의 역사는 인간의 믿음과는 정반대로 인간이 주변 환경으로부터 독립된 특출한 존재가 아니라는 사실을 증명하는 방향으로 발전되어왔다는 것이다. 이에 대해 구체적으로 언급한 것은 프로이트[1]였다. 프로이트는 『정신분석 입문』이라는 강의에서 인간의 순수한 자존심에 상처를 준 세 명의 사상가 중 한 명으로 스스로를 지목했다. 지금껏 역사는 인류가 자연과 불연속적인 존재가 아니라는 사실을 세 번 증명했고, 자신이 그중 하나라는 것이다.

그 첫번째 불연속을 깨뜨린 것은 코페르니쿠스[2]였다. 코페르니쿠스는 그때까지 진리로 믿어 의심치 않았던 지구중심설 대신 지구가 태양을 중심으로 회전한다는 태양중심설을 통해 신께서 특별히 지구를 중심으로 우주를 디자인한 것이 아니라는 충격적인 사실을 인류에게 알려주었다. 지구는 우주를 구성하는 수없이 많은 천체 중 하나일 뿐이며, 그것도 태양계 한쪽 구석에 존재하는 먼지만큼 작은 행성일 뿐이라는 사실은, 그 먼지만 한 지구 위에 살고 있는 훨씬 더 작은 인간 역시 신께서 특별히 디자인할 만한 특별한 존재가 아닐지도 모른다는 생각을 불러일으켰다는 것이다.

두번째 불연속은 다윈[3]에 의해 연결되었다. 다윈은 진화론을 통해 지구상의 모든 생물들이 지닌 현재 모습은 태초부터 그렇게 창조되었던 것이 아니라, 저마다 속한 환경에 적응하며 진화해온 결과라고 주장했다. 인간 역시 진화론의 영향에서 벗어날 수 없는 존재라는 것도 아울러서 말이다. 그의 주장에 의하면 인간은 신이 특별히 자신의 형상을 따서 빚어낸 고귀한 존재가 아니라, 하등한 여타 동물들과 마찬가지로 진화의 과정을 통해 '우연히' 만들어진 존재일 뿐이다. 따라서 진화론은 인류가 다른 동물들과는 다르게 창조되었다는 데서 유래하는 특권의식을 무참히 깨뜨렸고, 이로써 인류는 동물과의 연속선상에 놓이게 된 것이다.

나아가 세번째 불연속은 프로이트 자신에게서 일어났다고 주장했다. 진화론을 받아들인 이후, 인간이

프로이트에 따르면 인류 역사에서 인간이 '먼지만큼 작은 행성에 사는 별로 특출한 존재가 아니' 라는 사실을 깨닫게 해준 이들은 자신을 포함해 세 명이다. 위에서부터 코페르니쿠스, 다윈, 프로이트.

비록 신체적인 특성은 동물과 연속선상에 놓여 있다 하더라도 정신적 능력, 즉 이성에 의해 조정되는 마음을 가지고 있기 때문에 동물과는 여전히 불연속적인 존재라는 믿음이 강했다. 그러나 프로이트는 인간 행동의 많은 부분이 명쾌하고 논리적인 이성의 영향하에 일어나는 것이 아니라, 인간의 내면 깊숙이 가라앉아 있는 충동적이고 동물적인 본능, 즉 무의식에 의해 일어나는 것이라고 주장했다. 다만 우리는 의식적으로 인식하는 세상에 살기 때문에 이 무의식의 존재를 의식하지 못할 뿐이다. 인간이란 대부분 통제할 수 없고 조절할 수 없는 무의식의 명령하에 움직이는 존재로, 인간의 이성이란 빙산의 일각에 불과하다는 프로이트의 주장은 이미 상처 입은 인간 존재의 특수성에 다시 한번 타격을 입혔던 것이다.

네번째 불연속이 깨진다

브루스 매즐리시는 인간의 역사가 인간만이 지니고 있다고 믿어온 특권의식을 없애는 역사였다는 프로이트의 의견에 동의하며, 21세기를 살아가는 지금 우리는 그 세 번의 불연속에 더해 네번째 불연속이 깨질 시기를 눈앞에 두고 있다고 주장한다. 네번째 불연속이란 바로 인간과 기계 사이에 존재한다고 믿었던 간극이다. 지금껏 인간은 자신들이 기계보다 우수하며, 기계와 인간 사이에는 넘을 수 없는 장벽이 존재한다고 생각해왔다.

이런 현상을 처음으로 주장한 것은 마르크스[4]다. 마르크스는
'인간은 도구를 만드는 동물'이라는 벤자민 프랭클린의 정의를
받아들여서 『자본론』에서 '과거의 사회경제 체계 연구에서 노
동에 사용된 도구의 유적은 멸종된 동물의 연구에서 화석만큼
이나 중요하다'라고 함으로써 인간에게 있어 도구란 뗄레야 뗄
수 없는 것임을 언급했다. 매즐리시가 마르크스를 네번째 불연
속의 붕괴자로 인식한 것은, 매즐리시가 도구와 기계를 동일한
개념으로 받아들이기 때문이다. 매즐리시는 도구와 기계 둘 다
환경과 상호작용하는 인간의 힘을 '인위적으로' 확장하는 수단
으로 보았다.

마르크스의 지적에 이어 20세기 들어서는 사이보그 개념이
등장하고, 실제로 인공관절, 인공와우각, 페이스메이커 등 기계
부품을 몸에 달고 살아가는 사람들이 등장해 더이상 인간과 기

매즐리시는 인간과 기계가 함께 진화하는 과정 속에서 "인간과 기계의 조합은 인간성"이 될 수 있다고 주장한다. 사진의 사이보그처럼 말이다.

계의 명확한 구분이 불가능해지는 일이 빈번해졌다. 이에 따라 기계에 대한 인간의 우월성을 자신 있게 주장할 수 없다는 매즐리시의 주장은 설득력을 얻고 있다. 또한 인간의 마지막 자존심의 보루였던 두뇌마저도 '생각하는 기계'의 원리로 설명할 수 있다는 것이 드러나며, 인간과 기계 사이의 네번째 불연속이 곧 깨질 수 있다는 것도 그의 주장을 뒷받침하는 근거가 되고 있다.

　그렇다면 이러한 불연속의 파괴는 과연 어떤 의미가 있는가. 매즐리시는 기계와 인간의 연속성을 부정하려는 경향은 산업사회에서 기술을 불신하는 배경이 되기에 이런 불연속을 극복하고 나면 우리가 기계와 기계 문명을 어떻게 다루어야 할지 더 의식적으로 판단하는 데 도움이 될 것이라고 말한다.

인간은 **진화**하는 실체

첫번째 논제: 인간과 기계의 불연속의 붕괴

저자가 이 책을 통해 주장하려는 것은 인간과 기계 사이에 놓여 있다고 여겨졌던 불연속이 붕괴되는 시점이 눈앞에 와 있으며, 이는 오래전부터 일어나고 있는 현상이라는 것이다.

그는 그 근거로 첫째 인간의 진화가 도구, 즉 기계의 사용 및 발전과 뗄 수 없는 존재라는 것을 든다. 인간의 역사시대를 구분하는 근거로 도구가 이용되고 있다는 것은 상식이다. 구석기시대와 신석기시대를 구분하는 기준이 뗀석기와 간석기라는 것은 교과서에도 나오는 내용이다. 매즐리시가 도구/기계와 인간의 공진화에서 가장 중요한 시기로 보는 것은 산업혁명이 일어났던 때이다. 그는 산업혁명의 시대가 동물과 기계에 대한 인간의 관계가 양자 도약을 이룬 시기라고 주장한다.

이 시기에 여러 발명가가 노력한 결과 가정에서 물레바퀴를 돌리던 사람의 손을 기계가 대신하게 되었고, 이로 인해 직물 공장과 생산 시스템이 탄생할 수 있었다. 공장 시스템은 산업혁명의 새로운 실체였다. 또한 같은 시기 증기기관이 발명되었는데, 이로 인해 동물은 동력원의 자리에서 밀려나고 그 자리를 기계가 대신 차지하게 되었다.

산업혁명을 거치면서 기계를 만들어내며 사람들이 깨달은 것은 인간을 대신하는 기계는 인간의 모양을 닮는 것이 아니라, 인간의 기능을 닮아야 한다는 사실이었다. 자전거는 인간의 다리와는 전혀 닮지 않았지만 다리의 기능을 확장시킨다. 즉, 겉으로 보기에는 인간과 전혀 닮지 않았다 하더라도 인간의 능력을 확장시키는 것이 가능해졌다. 산업혁명 이후 이런 일은 점점 더 빈번히 일어나고 있으며, 이제 기계는 인간 손에 의해 조작되는 수준을 벗어나 인간과 상호작용을 하는 시대를 눈앞에 두고 있다. 인간과 기계가 결합된 사이보그의 출현 가능성이 이를 뒷받침하는 가장 강력한 증거다.

매즐리시는 인간과 기계의 불연속에 대한 두번째 증거로 인간과 기계를 같은 과학 원리로 설명할 수 있으며, 물질이 진화하여 유기적인 생물이 되고 결국 생각하는 기계의 구조까지 이루었다는 진화론적 입장을 든다. 진화론에서는 생물체의 탄생이 먼 옛날 바다 속에 존재하던 단순한 원소들에서 시작되었으며, 이들의 결합으로 유기물이 탄생했고 거기서 생명이 파생되었다고 믿는다. 특히 유전자의 발견은 생물을 유전자에 의해 조

인간의 진화는 도구(기계)의 사용과 뗄레야 뗄 수 없다. 산업혁명을 거치면서 인간의
능력을 확장시키는 것이 가능해졌고, 그것은 인간 진화의 한 단초를 제공하기도 했다.

종되는 '생존 기계'라는 개념을 확산시켰다. 생물체가 유전자의 설계도에 의해 만들어지고 행동하며 살아가는 존재라면, 종이 위에 그려진 설계도에 따라 만들어지는 기계와의 차이점은 과연 무엇일까? 매즐리시는 인간 역시 유전자의 명령으로 만들어지는 존재라는 것을 근거로 삼아, 설계도-결과물의 관계라는 점에서 인간과 기계 사이에 불연속이 존재할 필요가 없다고 생각한다.

사이보그의 등장

기계는 더이상 인간과 불연속상에 놓인 존재가 아니다. 우리는 이미 현실세계에서 기계와 인간의 결합 형태인 '사이보그'[5]를 접하고 있다. 흔히 '사이보그'라 함은 뇌는 인간의 것이지만 신체의 일부나 혹은 전부를 기계로 대체한 모습을 떠올린다. 『공각기동대』의 주인공인 쿠사나기 소령이나 로보캅처럼 말이다. 그리고 이는 매우 비현실적으로 느껴진다. 그러나 현실에서의 사이보그는 신체 일부를 기계로 전부 대치한 상태라기보다는 정신적인 능력을 증폭시켜주는 것에 가깝다.

영국 레닝대학의 인공두뇌학과 교수인 케빈 워릭은 1998년과 2002년 두 차례에 걸쳐 사이보그가 되는 실험을 스스로에게 시도한다. 우리에게 사이보그는 '신체 일부가 기계인 인간'으로 인식된다. 워릭 박사는 단순하고도 일견 생각해보면

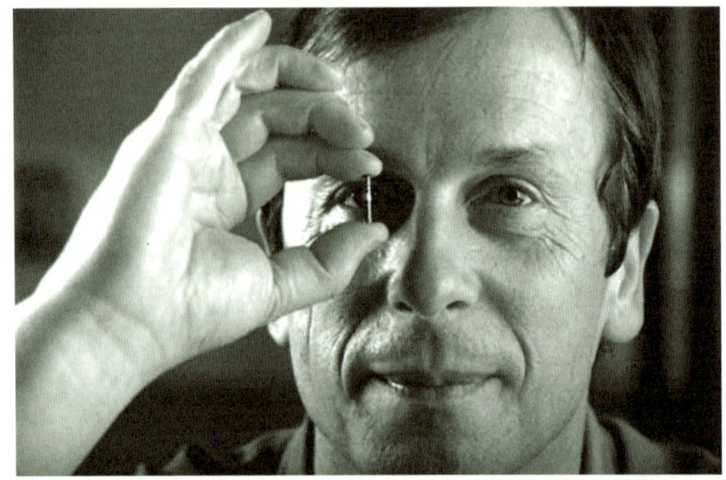

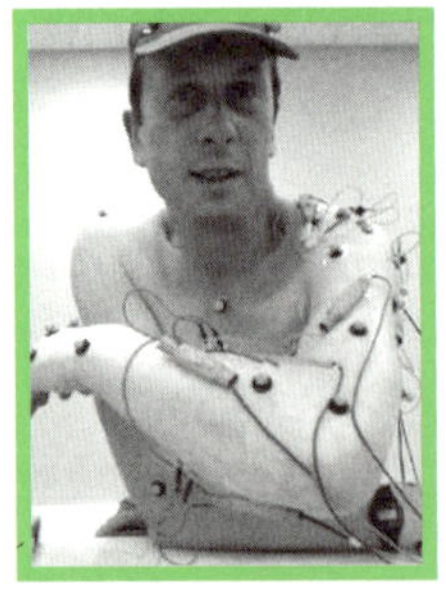

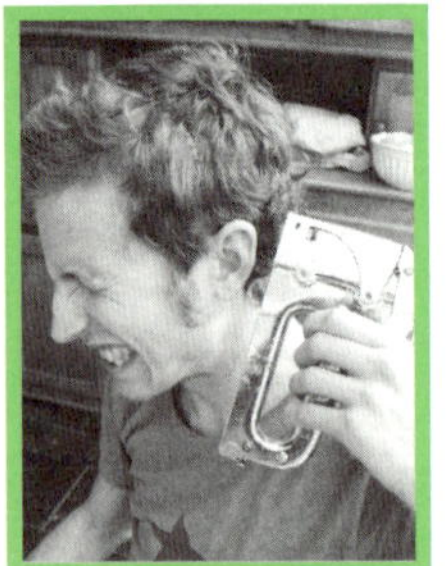

케빈 워릭 교수는 사이보그 실험에 대해 그 자신이 직접 실험 대상이 될 정도로 열성을 보였다. 사진은 케빈 워릭 교수 자신과 아내를 대상으로 한 실험 및 다양한 프로젝트의 모습.

아주 간단해 보이는 실험을 통해 사이보그가 된다. 그는 팔을 절개하고 팔의 정중 신경에 기계 장치를 이식했다. 이 장치는 뇌에서 팔의 근육과 힘줄에게 보내는 신호를 인식하고, 팔에서 뇌로 가는 신경 자극과 근육의 움직임을 인식하는 일종의 신호 인식기이며, 이를 외부 컴퓨터로 전송할 수 있는 체내형 무선 송수신기다. 우리가 영화나 만화 속에서 봐왔던 엄청난 힘을 가진 기계 팔과 기계 다리가 아니라, 단지 몸속에 작은 신호 인식기를 넣어준 것이다. 이는 전혀 복잡하지도, 그렇다고 거창하지도 않은 실험이었다. 그러나 이 실험은 굉장한 가능성을 내포하고 있었다.

워릭 박사의 팔에 이식된 작은 기계 장치는 단순히 신경과 근육 사이에 통하는, 아니 뇌와 신체의 각 부분 간에 이동하는

신경 전류의 흐름을 읽고 전송하는 것이다. 그런데 만약 이 신호를 제대로 읽어낼 수만 있다면, 뇌가 팔을 움직이라는 명령을 내릴 때 체내 이식 장치가 이 신호를 포착하여 외부에 존재하는 로봇의 기계 팔을 움직이라는 명령으로 바꿔 송신할 수 있게 된다. 즉, 사고나 신경 이상으로 몸이 마비된 환자들이 단지 '생각'만으로 로봇이나 전동 휠체어를 움직이는 것이 가능해진다. 또한 이 신호 전달기에 로봇을 연결하면 인간 감각의 영역은 훨씬 더 넓어질 수 있다. 우리의 눈은 가시광선 영역만을 볼 수 있으며, 우리의 귀는 너무 낮거나 높은 음역대의 소리는 듣지 못한다. 하지만 우리는 이미 적외선으로 '보는' 기계와 초음파를 '듣는' 기계를 가지고 있다. 이들 기계와 인간 사이에 서로 발생하는 신호를 변환해서 전달해줄 수 있는 무선 송수신기가 설치된다면, 기계의 신호를 수신하여 초감각을 인지하는 것이 가능해질 수 있다. 이것이 성공한다면 시각 장애인들은 이를 이용해 일상생활을 할 수 있게 된다. 굳이 안구를 이식하지 않아도 말이다.

이밖에도 체내 이식형 송수신기는 기분이 좋아질 때의 신호 변화를 감지, 기억해두었다가 이 신호를 사용하여 우울증을 치료하고 행복감을 맛보게 할 수도 있다. 나아가 이는 다양한 경우의 신경정신과적 치료에도 응용될 수 있다.

그러나 뭐니 뭐니 해도 사람이 사이보그가 되면서 누릴 수 있는 가장 훌륭한 혜택은 방대한 컴퓨터의 네트워크와 정보교환 능력을 가지게 되는 것이다. 여러 사람이 의사소통을 하고 정보교환을 하기 위해서는 말이나 글, 표정이나 몸짓으로 자신의 생각을 표현해야 한다. 그러나 이 방법은 스스로의 생각을 정확하게 표현하기도 힘들 뿐 아니라, 항상 소통 중간에 오해가 생기는 가능성을 염두에 두어야 한다. 나는 단지 이가 아파서 얼굴을 찡그렸을 뿐인데 상대는 내가 자신을 싫어한다고 생각할지도 모른다. 그러나 신경세포의 신호를 그대로 패턴화해서 전달할 수 있다면, 의사소통과 정보교환에 획기적인 변화가 일어날 수 있다. 말을 하지 않아도 글로 쓰지 않아도 단지 '생각'만 하면 상대와 오해 없이 소통할 수 있고, 인류의 뇌는 서버에 연결된 인터넷 컴퓨터와 같아질 가능성이 열리는 것이다.

실제로 실험은 나름대로 성공리에 끝났으며, 워릭 박사는 자신뿐만 아니라 아내인 이레나의 팔에도 기계를 이식하여 신호를 주고받는 데 성공해, 사람들을 다시 한번 놀라게 하며 말 그대로 '일심동체'가 무엇인지 보여줬다. 이제 워릭 박사의 몸에서 기계는 제거됐지만, 이 실험의 성공은 수많은 가능성과 우리가 해결해야 할, 혹은 대비해야 할 기술적·사회적·윤리적 문제들을 떠안겨주었다. 그의 실험에 열광하든 비윤리적인 실험이라고 반박하든 그것은 개개 인간의 몫이겠지만, 한 과학자의 열정이 세상을 바꾸어놓을 실험을 가능하게 했다는 것만은 변하지 않는 사실이다. 대중이 과학을 알아야 하고 과학에서 소외되어서는 안 되는 것은 이런 이유에서다. 대중이 과학의 모습에 대해 무관심할 때, 과학은 이미 저만치 앞서 달아나 자칫 통제할 수 없을 지경으로 폭주할 가능성이 있다는 것을 우리는 염두에 두어야 한다.

두번째 논제: 진화하는 인간의 본성

매즐리시는 인간의 본성은 플라톤의 이데아Idea[6] 개념처럼 고정된 것이 아니라 인간의 신체가 그러한 과정을 거쳐 형성되었듯이 자연에 적응하기 위해 진화하는 실체라고 주장한다. 인간은 끊임없이 변화하는 존재이며 진화의 한 단계에서 정의한 인간의 특성은 다른 단계에서는 옳지 않을 수도 있다. 또한 인간이 가지고 있다는 '인간성'은 단일한 것이 아니라 여러 가지 특징의 특정한 조합으로 이루어지며, 이러한 특징 중 많은 부분을 다른 동물(또는 기계)과 공유한다는 것이다.

그런데 진화 과정에서 모든 변화는 맞물려서 일어난다. 인간이 나무에서 내려온 것은 직립을 유도했고, 직립은 앞발을 자유롭게 하여 손을 사용하게 했으며, 이로 인해 도구 사용이 발달하고 두뇌가 커졌으며, 커진 두뇌는 신생아의 머리가 여성의 좁은 산도를 통과하기 위해 발달이 덜 진행된 미숙한 상태에서 출생해야 함을 뜻했고, 미숙하고 천천히 자라나는 아이를 돌보기 위해 그만큼 손을 더 많이 써야 하는 것으로 이어진다. 이 과정에서 인간의 뇌는 발달을 거듭했으며 현재와 같은 상태에 이르게 된 것이다.

인간이 진화하는 존재라는 것은 인간의 고유한 특성 역시 얼마든지 변화하고 바뀔 수 있다는 뜻이 된다. 따라서 기계와 함께 공진화하는 과정에서 인간과 기계의 조합된 특성이 인간성이 될 수도 있으며, 또한 현재 그렇게 되고 있다는 것이 매즐리시의 주장이다.

인간의 **의식**은 **진화**했다

매즐리시의 주장은 과연 인간에게는 '인간만의 고유한 것' 이 있는가라는 질문에 기초하고 있다. 많은 경우 인간을 동물이나 기계와 구분하는 기준으로 '인간의 의식' 을 내세운다. 따라서 먼저 인간에게 있어 의식이란 무엇인가를 과학적으로 설명하려 한 에델만[7]의 주장을 알아보자.

기억된 현재–1차적 의식

에델만은 의식consciousness을 두 가지로 정의했다. 첫번째는 1차적 의식primary consciousness으로, 세계에 존재하는 사물들을 정신적으로 자각하는 상태, 즉 현재를 느끼는 상태를 의미한다. 1차적 의식은 비언어적이며 비의미론적이고, 동물들도 가지고 있는 의식이다. 또다른 의식은 고차원적 의식higher-order consciousness으로 행동이나 감정을 사고하는 주체에 대한 인식이 포함되어 있으며, 과거

'인간만이 고차원적 지식을 지니긴 했다. 하지만 처음부터 그렇게 만들어진 게 아니라 진화 과정에서 발달한 것이다' 라고 주장한 에델만(사진의 가운데 인물).

와 미래라는 개념이 내포되어 있고, 감각 수용체가 관계되지 않는 정신적인 사건들에 대해서도 자각이 가능한 의식을 말한다. 쉽게 말해 1차적 의식이란 동물들의 의식이며, 고차원적 의식이란 인간의 의식이라고 구분한 것이다. 에델만은 생물학자답게 의식을 정의하는 데 있어 뇌의 구조를 끌어들인다.

먼저 에델만은 의식이 존재하기 위해서는 의식이 발생되는 주체, 즉 신경 조직의 진화가 선행되어야 한다고 생각했다. 즉 기억과 학습이 가능해야 하며, 경험을 기억하고 수정하기 위한 특수한 재입력이 가능한 부위, 즉 대뇌피질의 진화가 선행되어야 한다. 대뇌피질에서는 개념적 기억과 상호 연관되어 지각이 생겨나고, 여기서 1차적 의식이 생겨난다. 에델만은 이를 일컬어 1차적 의식이란 일종의 '기억된 현재' 라고 말한다. 이렇게 만들어진 의식은 개별적이며, 지속적이지만 계속 변화하며 지향적이다.

이런 1차적 의식이 지니는 진화론적 가치는 의식이 단순한 부산물이 아니라는 점이다. 이것은 개체의 현재 입력을 그 행동과 과거의 보상에 연결시켜준다. 1차적 의식을 가진 동물은 그렇지 않은 동물보다 학습능력을 더 많이, 더 빠르게 일반화하는 것이 가능하다. 따라서 의식은 유효efficacious하며, 진화적 적응도를 높여주는 중요한 기능을 한다. 그렇지만 1차적 의식에는 '개인적인 자기' 라는 개념이 결여되어 있으며, 현재나 미래를 연결하여 모델을 만드는 능력도 부재해서 고차원적 의식과는 구별된다. 이런 현상들을 종합해 볼 때 아마도 의식은 진화상 3억 년 정도의 역사를 가지고 있다고 여겨진다. 왜냐하면 1차적 의식은 파충류에서부터 나타나는 것으로 추측되기 때문이다.

언어 없이 인간도 없다―고차원적 의식

그렇다면 고차원적 의식이란 무엇인가. 인간은 고차원적 의식을 가진 존재다. 우리는 이제 더이상 1차적 의식으로 세상을 보지 못한다. 그러나 비록 1차적 의식으로 세상을 보는 눈을 잃어버렸다고 해도, 고차원적 의식은 반드시 1차적 의식이 정상적으로 작동되어야만 기능한다. 그렇다면 진화상 어떻게 1차적 의식 위에 고차원적 의식이 생겨날 수 있었을까? 1차적 의식이란 '기억된 현재'라고 앞서 말했다. 에델만은 기억된 현재의 독재에서 벗어난 과정을 '새로운 형태의 기호 기억이 진화되고, 이것에 의한 사회적 커뮤니케이션의 발달'로 본다. 즉, 이는 언어능력의 획득을 말하며, 인간만이 언어를 가진 유일한 종이기 때문에 고차원적 의식은 인간에게서 가장 발달했다는 것이다.

고차원적 의식에는 개성을 만들고, 과거와 미래의 세계를 모형

인간은 음성 언어를 사용할 수 있는 유일한 종으로, 언어가 없다면 인간의 고유성도 존재하지 않는다.

화하며, 직접적으로 자각할 수 있는 능력이 포함되어야 하는데, 기호언어 없이 이런 능력들은 형성될 수 없다. 인간은 동물 가운데서도 '음성 언어'를 사용할 수 있는 유일한 종인데, 에델만은 언어 사용이 인간의 고차원적 의식 형성에 중요한 역할을 했으며, 언어 없이 인간의 고유성은 존재하지 않는다고 설명했다. 즉, 진화상 뇌가 커지면서 언어를 관장하는 뇌의 부위가 나타났으며 여기서 발달한 언어 구사능력은 다시 뇌의 발달을 촉진시켰고, 경험된 현재를 추상적인 기호로 표현하는 과정에서 인간의 의식은 점점 더 고차원적으로 확장되었다는 것이다.

에델만은 이처럼 의식의 존재 역시 진화론적으로 설명했는데, 진화상 신경 조직이 발달하고 뇌가 등장했으며, 생물체가 환경과 상호작용하는 과정에서 이 경험을 뇌에 저장하고 활용하는 과정을 익힘으로써 의식이 발달하게 되었다고 주장한다. 그의 주장은 인간만이 생물 중에서 고차원적 의식을 가지는 유일한 종인 것은 인정하나, 그 고차원적 의식이 절대자에 의해 처음부터 완벽한 상태로 인간에게 주어진 것이 아니라 진화를 통해 점진적이고 연속적으로 발달하여 현재와 같이 된 것으로 규정한다. 따라서 인간은 자연과 불연속적으로 떨어져 존재하는 것이 아니라 연속선상에 놓여 있다는 매즐리시의 주장과 일맥상통하는 부분이 있다.

1

인어공주는 바다 위 세상에 대해 잘 알고 있는 할머니에게 물었다.

"사람들은 영원히 살 수 있나요? 아니면 우리처럼 언젠가는 죽게 되나요?"

"그들도 죽는단다. 우리보다 생명이 훨씬 짧지. 우리는 삼백 년까지도 살 수 있지. 하지만 우리는 영혼이 없기 때문에 죽으면 물거품으로 변하고 다시는 생명을 얻지 못한단다. 인간은 다르단다. 인간은 죽어서 흙이 된 후에도 영원히 사는 영혼을 가지고 있지. 영혼은 맑은 공기를 뚫고 반짝이는 별들 너머로 간단다."

"우리에게는 왜 불멸의 영혼이 없나요. 단 하루라도 인간이 되어 영혼들이 간다는 반짝이는 별 너머로 갈 수 있다면 제 목숨을 주어도 아깝지 않겠어요."

인어공주가 애처롭게 말했다.

— 안데르센 동화집 『인어공주』 중에서

동화 속 인어공주는 인간이 되어 영혼을 나누어 받기 위해 자신의 목소리를 포기하고, 칼날 위를 걷는 아픔도 감수해낸다. 인어공주가 이토록 인간이 되고 싶어했던 이유는 바로 '인간은 영원불멸하는 독특한 존재'라는 믿음이 있었기 때문이다. 이처럼 인간은 다른 존재와 다른 특권적인 존재라는 인식은 오래전부터 있어왔다. 브루스 매즐리시의 '불연속의 붕괴' 개념을 바탕으로 인어공주가 그토록 바라는 인간이 되기 위해 많은 것을 희생하지 않도록, 할머니의 입장에서 그녀를 설득해보자.

2

유전자는 훌륭히 성공한 자기 복제자이다. 유전자는 진화과정에서 단독으로 존재하기보다는 자신을 감싸고 보호하는 방어벽을 구축하는 방법을 찾아내기에 이른다. 이렇게 해서 유전자를 가지는 최초의 '살아 있는 세포'가 생겨났을 것이다. 자기 복제자는 단순히 존재하는 것만이 아니라, 계속 존재하기 위해 자신을 담아두는 '그릇'을 만들어낸 것이다. 살아남은 자기 복제자는 자기가 살아남을 수 있도록 하는 '생존 기계survival machine'를 축조한 것들이다. 진화과정 속에서 생존 기계는 더 커지고 정교해졌으며, 이 과정은 누적적이고 점진적으로 일어나 마침내 지구상에는 다양한 생존 기계, 즉 다양한 생물들이 나타나게 되었다.

—리처드 도킨스의 『이기적 유전자』 중에서

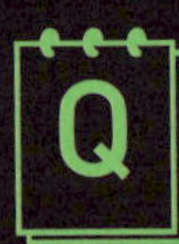

도킨스는 생물체를 일종의 기계로, 유전자를 이 기계를 창조해낸 자기 복제자로 생각하는 '생존 기계' 개념을 제시했다. 도킨스의 생존 기계 개념을 참조하여 인간이 자연으로부터 불연속적인 존재일 수 없다는 매즐리시의 주장을 뒷받침해보자.

『진화의 역사』

에드워드 라슨 지음 | 이충 옮김 | 을유문화사

19세기 진화론의 이론적 발전에서부터 최근 신다원주의
와 사회생물학의 급성장 그리고 미국 기독교의 반발과 대
립에 이르기까지 정치 · 사회 · 문화 · 종교 등 다양한 측
면에서 진화론의 역사를 소개하는 책이다. 퓰리처 상을
수상한 라슨은 이 책에서 진화론을 발전시킨 퀴비에, 라
마르크, 다윈, 월리스, 헤켈, 갈톤, 헉슬리, 멘델, 모건, 피셔, 도브잔스키, 왓슨과
크릭, 해밀턴, 윌슨 등과 같은 협력자이자 경쟁자, 과학자이자 탐험가들의 삶과
이력에 초점을 맞추어 그 논쟁의 기원을 밝히고자 했다.

또한 진화론을 문화적인 관점에서 프랑스 대혁명에 의한 사회적, 철학적 대변동
에서부터 다윈 진화론의 핵심인 '적자생존'과 조화를 이룬 영국의 자유방임적
자본주의, 사회적 다윈 진화론과 산업혁명의 배경에 대항하는 우생학의 출현, 유
명한 스콥스 재판Scopes trial에서 절정에 달한 미국 기독교의 진화론에 대한 반발
등 서구사회의 논쟁의 역사를 보여준다.

1 프로이트Sigmund Freud 1856~1939. 오스트리아 정신과 의사로 정신분석학의 창시자다. 빈대 의학부를 졸업한 뒤 1882년 빈 종합병원에서 신경임상의로 근무했고, 1885년 파리 사르베토리에르 정신병원 J. M. 샤르코 교수 밑에서 최면술로 히스테리 환자의 마비·경련 등을 조절할 수 있음을 알았다. J. 브로이어와 함께. 히스테리 치유 방법을 연구하여 카타르시스Katharsis, 淨化법을 확립했고, 최면술 대신 자유연상법을 임상에 적용하여 이에 '정신분석'이라는 이름을 붙였는데, 이 용어는 뒤에 그가 세운 심리학 체계까지도 뜻하게 되었다.

2 코페르니쿠스Nicolaus Copernicus 1473~1543. 폴란드 천문학자로 지구가 태양을 중심으로 돌고 있다는 '지동설'의 창시자로 알려져 있다. 그러나 가톨릭 사제이기도 했던 코페르니쿠스는 자신의 학문적 연구 결과가 종교적 가르침과 위배된다는 것을 알고 있었기 때문에 이를 발표하지 않고 미루다가 임종에 가까워서야 편찬했다. 그렇게 만들어진 『천구의 회전에 관하여』에는 지구가 더이상 우주의 중심이 아니라는 사고가 담겨 있어 그때까지 지속되어왔던 우주관과 세계관에 대변혁을 일으켰다. 따라서 이후 기존의 상식을 뒤엎는 혁명적인 변화를 일컬어 '코페르니쿠스적 발상의 전환'이라고 부르게 되었다.

3 다윈Charles Robert Darwin 1809~1882. 영국의 생물학자로 진화론을 주장한 인물이다. 1831년부터 5년간 비글호를 타고 남반구를 돌아다니며 많은 동식물을 접하면서 진화론의 실마리를 찾아냈다. 그는 귀국 후에도 생물들의 변이에 대하여 꾸준히 연구함으로써 이를 1859년 『종의 기원』으로 묶어 세상에 내놓았다. 『종의 기원』은 기존의 종교적 믿음에 정면으로 반박했기 때문에 많은 논란을 불러일으켰고, 생물학뿐 아니라 이후 일반 사상계에도 강력한 영향력을 발휘했다.

4 마르크스Karl Marx 1818~1883. 과학적 사회주의(마르크스주의) 창시자. 독일의 라인란트팔츠 주에서 태어났고, 베를린대에서 박사 학위를 받았다. 1845년 마르크스와 엥겔스는 비밀선전단체인 공산주의자 동맹에 가입하였으며, 1847년 11월 런던에서 개최된 이 동맹의 제2차대회에 참가하여 대회의 위임을 받고 『공산당선언』을 작성, 1848년 2월 발표했다. "전 세계의 프롤레타리아여 단결하라!"라는 구호가 담겨 있는 이 문헌은 과학적 공산주의의 첫 강령적 문헌이

다. 1867년 출간된 『자본론』에서 잉여가치법칙이 자본주의의 운동법칙이며 자본주의적 생산의 절대적 법칙이라는 것을 밝혔는데, 잉여가치법칙의 발견과 그 본질 및 자본주의 발전에서의 역할을 밝힌 것은 후세에 그 오류를 지적하는 비판에도 불구하고 커다란 공적으로 꼽히고 있다.

5 사이보그cyborg란 사이버네틱스 오가니즘cybernetics organism의 줄임말로, 1950년대 말 M. 클라인스가 생물과 기계 장치의 결합체를 지칭해 만든 말이다. 따라서 사이보그는 단순히 사람처럼 생기고 움직이는 기계라기보다는 사람과 기계가 유기적으로 결합해 하나로 활동하는 통합체라는 뜻이 더 맞다. 사이보그는 로봇과 다른 존재로 인식되는데, 로봇이 기계의 발달된 산물로 인간을 모방해 진화된 존재임에 반해, 사이보그는 인간이 유전자를 통하지 않고 기계를 통해 인공적으로 진화한 것이다. 즉, 로봇은 인간의 외부에 존재하지만 사이보그는 인간 그 자체에 통합된다.

6 이데아idea란 플라톤 철학의 기본 개념으로 '본다'는 뜻의 동사 이데인idein의 파생어다. 본래는 '보이는 것'이라는 뜻으로 형상이나 모습, 사물의 형식이나 종류를 뜻하는 말이었다. 그러나 플라톤 철학에서 이데아는 육체의 눈이 아니라 영혼의 눈으로 볼 수 있는 형상을 뜻하는 말이다. 보통 우리가 사물을 보는 관점은 때에 따라서 달라지기 마련인데 이데아는 어떠한 관점에서 보더라도 같은 특징을 지닌다. 예를 들어 '아름다움의 이데아'는 언제 어디서 보더라도 항상 아름다운 것이다.

7 제럴드 에델만Gerald Edelman, 1929~. 미국의 생물학자인 에델만은 면역계를 이루는 항체의 화학적 구조를 밝힌 공로로 1972년 노벨상을 수상한 저명한 학자다. 미국의 신경과학연구소 소장이자 신경과학 연구재단 회장을 역임했으며, 과학자 중에 의식의 문제를 가장 깊이 있게 다룬 학자로 알려져 있다. 그의 '뉴런 집단 선택설Theory of nueronal group selection'은 의식을 과학적으로 연구하는 데 있어 매우 주요한 이론으로 알려져 있다. 저서로는 『신경과학과 마음의 세계Bright Air, Brilliant Fire』(1992), 『뇌는 하늘보다 넓다Wider Than the Sky』(2006) 등이 있다.

세상은 참으로 복잡해 보인다. 수많은 인간 군상, 그들의 관계, 그들이 어우러져 살아가는 사회와 자연…… 그래서 사람들은 복잡한 세상을 하나로 설명할 수 있는 진리를 찾기를 원하는지도 모른다. 과학자들 역시 마찬가지여서, 그들 역시 이오니아의 마법을 찾아 헤맨다. 이오니아의 마법이란 물리학자이자 역사학자인 제럴드 홀턴Gerald Holton이 처음 쓴 말로 '통합과학에 대한 과학자들의 믿음'을 의미하는 말이다. 기원전 6세기 그리스 지방 이오니아에 살았던 탈레스는 모든 물질이 궁극적으로는 물로 이루어져 있다고 믿었다. 그의 생각은 매우 소박하고 실제와는 맞지 않는 것이지만, 정말로 중요한 것은 그의 생각이 세계의 물질적 기초와 자연의 통일성에 대한 형이상학을 상정하고 있다는 사실이다.

이오니아의 마법은 탈레스 이후 점점 세련되어지면서 과학 사상을 지배해왔다. 현대 물리학에서는 자연의 모든 힘(약력, 강력, 전자기력, 중력)을 하나로 합치려는 움직임(통일장 이론)이 일어났고, 이런 현상은 과학을 넘어 사회과학과 인문학을 아우르는 움직임으로까지 이어지고 있다. 이오니아의 마법은 현 시대에서 여전히 유용한 것이다. '통섭'이란 윌슨이 생각하는 현대판 이오니아의 마법이다.

지식의 경계를 허물어라

에드워드 윌슨의 『통섭』

에드워드 월슨은 누구인가?

미국의 저명한 생물학자이자 퓰리처상을 두 번이나 수상한 뛰어난 저술가이기도 한 에드워드 월슨Edward Wilson은 1929년 앨라배마에서 태어났다. 그는 개미에 대한 연구로 앨라배마대에서 생물학을 전공했고, 하버드대에서 생물학 박사 학위를 취득했다. 27세인 1956년부터 하버드대 교수로 취임하여 현재 하버드대 생물학과 펠레그리노 석좌교수로 재직 중이다.

개미 연구에 관심이 많았던 그는 개미와 같은 사회성 곤충뿐 아니라 조류, 유인원, 인간에 이르기까지 사회를 이루며 살아가는 동물들의 행동에 주목하기 시작했다. 그는 수많은 동물들의 번식·서열·협동·사회 구조의 특징을 모두 동일한 수준, 즉 유전자 수준에서 일관성 있게 설명하려 했으며, 이로 인해 사회생물학을 주창하기에 이른다. 사회생물학社會生物學, Sociobiology이란 생물의 사회적 행동에 대한 생물학적 근거를 연구하는 학문이다. 그렇지만 이 학문으로 인해 월슨은 좌파들에게 지독한 유전자 결정론자로 매도되기도 하는 등 아직 그의 이론에 대해선 찬반양론이 분분한 상태다. 그렇다 해도 그의 뛰어난 분석력과 종합력은 모두에게 인정을 받고 있으며, 생물학뿐 아니라 학문 전반에 많은 영향을 준 20세기의 대표적인 과학 지성으로 손꼽히고 있다. 저서로는 『사회생물학Sociobiology』 『생명의 미래Future of Life』 『개미the Ants』 등이 있다.

통섭 – 지식을 통일하라

윌슨은 이오니아의 마법을 예로 들어 학문의 통일에 대한 기대를 감추지 않았다. 그는 기본적으로 17~18세기에 활동했던 계몽주의 사상가들의 의견에 동조한다. 법칙을 따르는 물질세계, 지식의 본유적 통일성, 나아가 인간 진보의 무한한 잠재력에 대한 계몽주의 사상가들의 전제에 동의하는 것이다. 그는 인간 지성의 가장 위대한 과업은 과학과 인문학을 연결해보려는 노력이라고 주장한다. 그리하여 그 통합적 노력을 '통섭統攝, consilience' 이라는 개념을 통해 아우르고자 한다.

지식의 큰 줄기를 잡다

통섭이란 윌리엄 휴얼이 1840년 『귀납적 과학의 철학』이라는 책에서 처음 사용한 용어로, 설명의 공통 기반을 만들기 위해 분야를 가로지르는 사실들과 그 사실들에 기반한 이론을 연

통섭을 처음 제시한 휴얼. 휴얼의 통섭 개념은 융합적으로,
작은 시내들이 하나의 강물에 모여들어 커다란 흐름을 형성한다는 것이다.
하지만 후대에 지나치게 열린 개념이란 비판이 제기되었다.

결함으로써 지식을 통합하는 것을 뜻한다. 이를 번역한 우리말 통섭 역시 '큰 줄기' 또는 '실마리'라는 뜻의 통統과 '잡다, 쥐다'라는 뜻의 섭攝을 합쳐 만든 말로 '큰 줄기를 잡다'라는 뜻을 지니고 있다. 한마디로 통섭이란 '지식의 통일성'을 뜻하는 말이다. 이는 학문이 점점 전문화·고도화되면서 모든 것을 지극히 작은 단위로 쪼개어 분석하는 데 익숙해지는 탓에 오히려 전체를 보지 못하게 되는 현실에 대한 반성이다.

휴얼이 통섭의 개념을 처음 제시한 것은 사실이나, 윌슨과 휴얼의 개념은 조금 다르다. 휴얼의 통섭은 융합적 통섭이다. 이를 설명하기 위해 휴얼은 강을 예로 드는데, 작은 시내들이 모여서 결국 하나의 큰 강으로 합쳐지는 것처럼 과학의 세부 분야들도 하나로 융합되어 커다란 흐름을 형성한다는 것이다. 그러나 이러한 통섭은 다양한 학문들이 하나로 모아져 통일성을 이루지만, 한 번 흘러가면 영원히 돌아올 수 없는 강물처럼 그 끝을 알 수 없고 되돌릴 수 없다는 문제점이 있다. 즉, 통섭의 개념이 지나치게 열려 있기 때문에 오히려 통섭다운 통섭을 할 수 없다는 것이다.

윌슨의 통섭은 이와는 조금 다른 개념이다. 이 책의 번역자이자 윌슨과 마찬가지로 사회생물학자인 최재천 교수는 윌슨의 통섭을 나무를 예로 들어 설명한다. 나무는 줄기를 가운데 두고 위로는 가지들을, 아래로는 뿌리를 뻗고 있다. 하늘을 향해 뻗어나간 가지들은 현재 우리가 보고 있는 다양한 현상들이며, 땅속의 뿌리들은 우리 눈에는 보이지 않지만 이론에 의해 추정되는 현상이다. 그는 뿌리와 가지를 연결하는 줄기가 통섭의 현장이라고 생각한다. 가지와 뿌리를 이어주는 줄기처럼, 양쪽을 포함하는 것이 아니라 서로를 이어주고 상호관계를 맺게 해주는 바로 그 부분이 통섭의 주요 지점이라는 것이다.

통섭을 이해하기 위한 전제: 계몽사상

월슨은 통섭 개념의 사상적 바탕을 17~18세기 부흥했던 계몽주의[1]에서 찾는다. 세속적인 지식이 인류의 권리와 진보에 기여한다는 계몽주의의 비전vision은 서양이 인류 문명에 남긴 가장 위대한 공헌이며, 그 비전이 바로 근대의 출발점이 됐다는 것은 주지의 사실이다. 그리고 그 비전은 비록 실패했지만, 사상만은 계속 남아 학문의 발전을 통해 되살아났다는 것이 월슨의 주장이다.

월슨이 계몽사상을 언급한 이유는 자연과학의 발전으로 우주와 인간 모두를 이성에 의해 파악할 수 있다는 강한 긍정을 갖고 있기 때문이다. 월슨은 '우리는 알게 될 것이다'의 근거가 자연과학의 발전에 있다고 믿었다. 이는 인간 이성의 힘을 믿었던 계몽주의와 일맥상통한다. 그는 낭만주의나 포스트모더니즘 등의 반이성적이거나 초이성적 흐름과 신과학운동을 환원주의적 과학의 성과들을 제시하며 반박한다. 나아가 그는 이성적이자 환원주의적인 자연과학에 기원하여 마음·문화·인간 본성·예술·인문학·윤리·종교에 이르기까지 통섭적인 이해를 시도한다.

월슨은 자연과학을 깊이 연구한 과학자답게 통섭의 중심 원리를 자연과학에서 찾는다. 과학은 세상에 대한 지식을 모아서 그 지식을 시험 가능한 법칙과 원리로 응축하는 체계적이고 조

계몽사상은 실패했을지 몰라도, 그 사상의 알맹이들은 오늘날까지 이성의 빛으로 남아 강력한 영향력을 미친다. 윌슨 역시 이 사상의 영향을 받아 통섭 개념을 만들어냈다. 사진은 대표적인 계몽주의자 로크, 몽테스키외, 볼테르.

직화된 탐구이므로, 과학이야말로 실제 세상을 탐구하는 가장 좋은 방법일 수 있다는 것이다.

인간을 둘러싼 모든 현상은 물리 법칙으로 환원된다

인문학과 자연과학의 만남: 유전자에서 문화까지

월슨의 통섭 개념이 사람들에게 회자하는 것은 보편적이고 합리적인 통섭의 원리가 자연과학뿐 아니라 두 문화, 즉 인문학과 자연과학까지 아우를 수 있다고 주장하기 때문이다. 그는 이를 유전자와 문화의 관계를 통해 설명한다.

일전에 C. P. 스노는 『두 문화』(1959)에서 '이런 양극 현상은 우리 모두에게 실제적인 손해이고, 지적인 손실이며 창조성의 말살이다'라고 말한 바 있다. 그가 지적한 것처럼 인문학과 자연과학으로 나뉘는 두 문화 간의 분리가 여러 오해와 충돌의 원천이라는 것은 많은 사람들이 동의하는 바이다. 그러나 스노가 두 문화에 대해 개탄한 지 반세기가 흘렀음에도 불구하고 여전히 우리는 이분법적인 구도에 익숙하며, 인문학자와 자연과학자들 역시 자신만의 세상에서 살고 있는 경우가 많다.

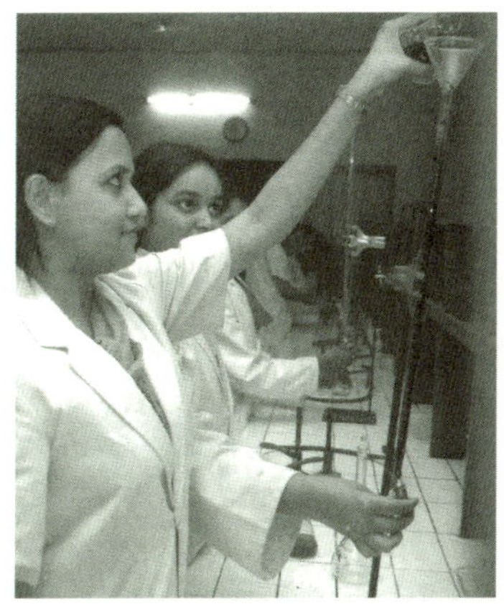

오늘날 과학자들과 인문학자들은 자신만의 학문세계에 빠져 있는 경우가 대부분이다. 하지만 익숙한 지식은 시야를 키워 전체 지식을 통합적으로 보지 못하게 하는 폐단으로도 작용한다.

월슨은 이처럼 확연히 나뉘어버린 학문의 커다란 가지들을 통합하고 문화 전쟁을 종식시키는 방법은, 자연과학과 인문학의 경계를 국경으로 보지 않고 아직 발길이 닿지 않은 미개척지로 보는 것이라 말한다. 우리는 실제로 모든 인간 행동이 문화를 통해 전달된다는 것을 알고, 문화의 전달과 기원에 생물학이 중요한 영향을 미친다는 점도 알고 있다. 따라서 남은 문제는 생물학과 문화가 어떻게 상호작용하는가에 대한 것이며, 특히 모든 사회에 걸쳐 진행되는 그런 상호작용이 어떻게 인간 본성의 공통성을 만들어내는가 하는 점이다.

월슨은 이를 위해 '유전자–문화 공진화gene-culture coevolution' 개념을 제시한다. 유전자–문화 공진화는 인류가 유전적 진화에 병행하여 문화적 진화를 덧붙였으며 이 두 진화는 서로 연결되

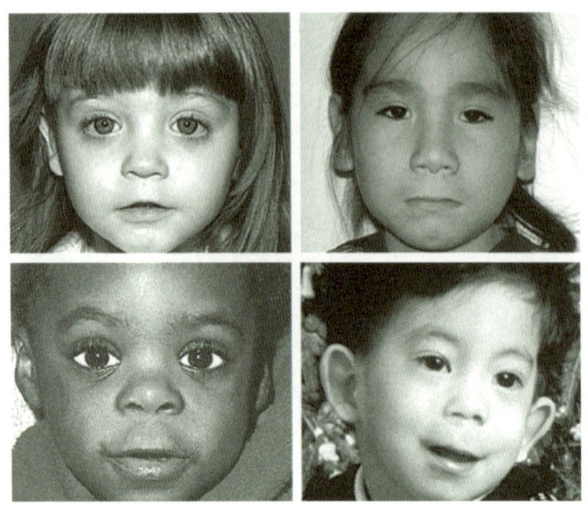

아이들은 인종이나 국적에 관계없이 자신이 태어나고 자란 환경에서 사용하는 언어를 배우고 자기 나름의 언어로 문화를 창조해간다.

어 있다는 견해다. 그렇다면 생물학이 인간의 문화와 본성에 어떠한 방식으로 상호 연결되어 있는가?

사실 유전자가 인간의 본성과 문화에 어떤 방식으로 영향력을 미치는가는 간단하게 설명하기 어렵다. 최근에는 환원주의적인 시각에 입각하여 '분노를 조절하는 유전자'라든가 '모성애를 일으키는 유전자'라는 단어가 자주 쓰이지만, 실제로 인간의 행동에 대해 일대일 함수로 대응되는 유전자를 콕 집어 말할 수는 없다. 물론 반대로 인간의 행동이 모두 환경에 의해서만 결정되는 것은 아니다. 그것은 둘 간의 상호작용이다.

윌슨은 이에 대해 문화는 공동의 마음에 의해 창조되지만, 이때 개별 마음은 유전적으로 조성된 인간 두뇌의 산물이라는 점을 들어 둘 사이의 상호 연관성을 주장한다. 유전자와 문화는 긴밀히 연결돼 있으나, 이 연결은 유동적이고 편향적이다. 유전자는 인지 발달의 신경 회로와 후성 규칙을 만들어내고, 개별 마음은 그 규칙을 통해 자기 자신을 조직한다. 인간의 마음은 태어나서 무덤에 들어갈 때까지 주변의 문화를 흡수하면서 성장한다. 그러나 그런 성장은 개체의 두뇌를 통해 유전된 후성 규칙들의 안내를 받아야 이뤄질 수 있다. 여기서 말하는 후성 규칙epigenetic rules이란 인지 발달의 편향된 신경 회로를 뜻한다. 유전자는 후성 규칙을 만들어내고, 개별 마음은 그 규칙을 통해 자기 자신을 조직한다는 것이 유전자-문화 공진화의 핵심이다.

예를 들어 아기는 인종이나 국적에 관계없이, 태어나고 자란 환경에서 사용하는 언어를 구사하는 능력을 배워 나름의 언어로 문화를 창조한다. 그러나 이것이 가능하기 위해서는 먼저 그 아이의 뇌가 '언어' 기능을 수행할 수 있도록 두뇌의 기반이 조성돼 있어야만 한다. 문화는 제한이 없기 때문에 무한히 성장할 수 있고 세대를 건너뛸 수도 있다. 그러나 후성 규칙이 주는 영향의 방향을 근본적으로 결정하는 것은 유전적인 것이며 제

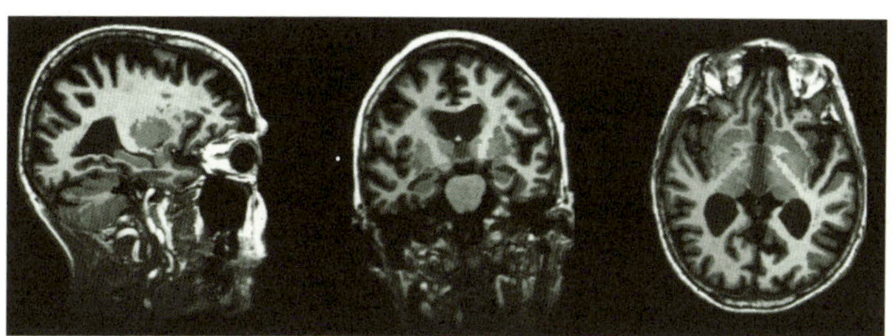

봉합선 없는 연결망이라 할 수 있는 통섭이 가장 성과를 거두고 있는 분야 중 하나가 뇌과학이다. 뇌의 작용 원리와 의식 현상에 대한 연구를 통해 인간의 정체성을 밝혀내고, 이로써 과학·의학·산업 전반에 근본적인 변혁을 일으키는 것을 목표로 한다. 사진은 뇌과학의 한 분야인 뇌영상 관련 자료.

거될 수 없기 때문에 일정하게 유지된다.

그중에서 어떤 이들은 주변 문화와 환경에 더 잘 적응하고 번식하도록 해주는 후성 규칙을 대물림한다. 후성 규칙을 대물림 받은 이들은 이를 갖지 못한 사람이나 약한 사람보다 생존과 번식에서 더 유리하다. 바로 이런 방식을 통해 좀더 성공적인 후성 규칙들이 세대를 거치면서 그 규칙을 규정하는 유전자들과 함께 개체군 내에 널리 퍼지게 된다. 결과적으로 인간 두뇌의 해부·생리학적 구조가 진화해왔듯이, 행동 역시 자연선택에 의해 유전적으로 진화해온 것이다.

유전적 속박의 본성과 문화의 역할은 이와 같이 이해할 수 있다. 어떤 문화 규범은 경쟁하는 다른 규범들보다 더 잘 생존하고 번식한다. 이 때문에 유전적 진화와 유사한 방식으로 진화하지만, 그 속도는 유전적 진화에 비해 훨씬 더 빠르다. 문화적 진화의 속도가 빠르면 빠를수록 유전자와 문화 사이의 연결은 더 느슨해져서 잘 드러나지 않게 된다. 하지만 그러한 연결이 완전히 끊어지는 법은 없다. 문화는 정확한 유전적 처방 없이 고안되고 전달되는 정교한 적응들을 통해 환경 변화에 빠르게 적응할 수 있도록 한다.

왜 '과학적인' 통섭이어야 하는가?

통섭이라는 개념 자체에는 대부분의 사람이 동의한다. 인간

통섭은 나무에 비유될 수 있다. 우리 눈에는 하늘로 뻗은 가지가 보이지만, 실은 땅속에 파묻혀 보이지 않는 뿌리로 인해 나타나는 현상이 가지라 할 수 있다. 그리고 그 가운데 있는 줄기는 바로 뿌리와 가지 둘을 이어주는 '통섭'의 현장이라 할 수 있다.

의 삶 자체가 연속적으로 이어지는 시간들이고 인문학/자연과학적으로 명확히 구분지을 수 없기 때문에 하나의 통합적 설명 체계가 필요하다는 것에 대해서는 별다른 이의가 제기되지 않는다. 그러나 유독 월슨의 통섭 개념에는 비판을 가하는 이들이 많다. 그중 가장 큰 이유는 월슨의 통섭이 자연과학을 기반으로 한 인문학의 '흡수'로 이해되는 경우가 많기 때문이다. 실제로 월슨은 인문학보다 자연과학에 더 무게중심을 두는 개념을 제안했다. 그렇다면 그는 왜 자연과학을 통섭의 중심 요소로 선정했는가?

월슨이 생각하는 과학은 실제 세계를 탐구하는 가장 효과적인 방법으로 꼽을 수 있는 것이다. 과학은 비록 완벽하진 않지만 인류가 뽑아든 마지막 검이다. 오랜 세월에 걸쳐 객관적인 방식으로 하나씩 축적된 과학 지식들은 보편적인 인증을 받았다고 할 수 있다. 그것은 철학이나 신념 체계처럼 동의한다고 해서 바뀔 수 있는 것이 아니라, '명백하게 옳은' 것들이다. 또한 이 증거들은 이론이라는 논리적 설계도에 따라 정교하게 결합되어 세상을 설명하는 객관적 체계를 제공한다. 이런 특징으로 미루어보건대 세상을 통합하는 방식으로 과학이 가장 적절한 것으로 보인다.

게다가 과학자들의 역할이란 것이 오랫동안 실재와 추론 사이에 존재하는 불일치를 진단하고 교정하는 것이란 점에서 과학을 중심으로 하는 통섭이 이룩되어야 함을 뒷받침한다. 불일치를 진단하고 교정하는 행위는 다분화되어 있는 문화 체계의 통합과 일맥상통하는 부분이 있기 때문이다.

윌슨은 이러한 과학적 통섭의 예로 '마음'의 실체에 대한 연구를 들고 있다. 마음mind은 우리가 알고 있으며, 알 수 있는 것들이 모두 창조된 장소다. 오랫동안 마음에 대한 연구는 과학적이라기보다는 철학적인 영역으로 치부되어왔다. 그러나 윌슨은 내성內省, introspection만으로 시작된 논리는 신빙성이 떨어지고 실재와 괴리되기 쉽다고 말한다. 그가 보기에 데카르트에서 칸트로 이어지는 근대 철학은 뇌에 대한 설명을 시도하기는 했으나, 대부분 실패로 끝났다. 하지만 이런 실패는 철학자들의 잘못이라기보다는 뇌의 생물학적 진화의 직접적인 결과 때문이라는 것이 그의 견해다. 즉, 뇌는 자기 자신을 이해하도록 조립된 것이 아니라 생존하기 위해 조립됐다.

자신을 이해하는 일과 생존하는 일이라는 두 목표는 다르기 때문에, 과학으로부터 사실적인 지식을 공급받지 못하는 마음은 세계를 부분적으로 볼 수밖에 없다는 것이다. 이런 이유로 마음에 관한 근본적인 설명은 철학이나 종교적인 탐구라기보다는 경험적인 연구가 되어야 하고, 이는 과학적인 방식에서 접근이 이루어져야 한다. 최근 들어 마음에 관한 연구가 철학적이고 인지적인 분야뿐 아니라, 신경과학적인 방식으로 이뤄지고 그 분야에서 더 많은 결과들이 도출되고 있는 것은 새로운 접근 방법의 효율성을 증명하는 예일 것이다.

탐구되지 못한 실재, 통섭으로 밝히다

학자들은 행동과 문화를 다룰 때 개별 분과에 적절한 설명들—가령 인류학적 · 심리학적 · 생물학적 설명—을 언급하는 습관이 있다. 그에 반해 윌슨은 『통섭』을 통해 여기에 대해서는 본래 단 한 가지 설명만 있다고 논증한다. 그 설명을 통해 우리는 다양한 수준의 시공간과 복잡성을 넘나들어 결국에는 통섭이라는 방법으로 여러 분과의 흩어진 사실들을 아우른다. 즉, 통섭은 봉합선이 없는 인과관계의 망이라 할 수 있다. 통섭에서 특히 중요한 것은 자연과학인데, 그중에서도 뇌과학과 진화생물학이 자연과학과 인문학의 두 문화를 잇는 교량 역할을 가장 잘하고 있는 것으로 평가받고 있다.

윌슨은 통합 세계관의 핵심은 인간을 둘러싼 모든 현상이 궁극적으로는 물리 법칙으로 환원될 수 있다는 믿음이며, 이는 계몽사상과도 일맥상통한다고 말한다. 그는 계몽사상의 유산에 대해 우리는 우리 자신의 힘으로 알 수 있고, 앎으로써 이해할 수 있으며, 이해함으로써 현명한 선택을 할 수 있다는 믿음이라고 주장한다. 또한 이러한 자신감은 과학 지식의 기하급수적 성장을 가져왔으며, 이 지식은 증가하는 완전한 인과적 설명의 망으로 짜여 있다. 이 과업을 달성하는 과정에서 인류는 하나의 종으로서 자신에 대해 많은 것을 배웠으며, 스스로의 길을 개척해왔다.

한편 그 과정에서 우리는 환경을 파괴하고 스스로를 파멸로 몰아넣는 어리석은 행위를 해온 것도 사실이다. 우리는 현재 새로운 실존주의 시대로 들어서고 있다. 그러나 이 실존주의는 개인에게 완전한 자유를 부여한 키에르케고르나 사르트르의 낡은 부조리적 실존주의가 아니라, 보편적으로 공유되는 통합된 지식만이 정확한 예견과 현명한 선택을 가능하게 한다는 실존주의다.

20세기 들어 자연과학은 복잡계를 이해하기 위해 새로운 근본 법칙을 찾는 일에서 새로운 종류의 종합으로 그 초점을 옮긴 바 있다. 예컨대 우주의 기원, 기후 변동의 역사, 세포의 기능, 마음의 물리적 기초에 대한 연구 등은 복잡계를 이해하는 데 그 목표를 두고 있다. 이런 탐구에서 가장 잘 통하는 전략은 조직의 여러 수준을 가로지르는 정합적인 인과관계를 설명하는 것이다. 그렇기 때문에 세포생물학자들은 분자 수준에서 세포를 연구하며, 인지심리학자들은 신경 세포들의 활동 양상에 관심을 기울인다. 여기서 윌슨은 왜 이와 동일한 전략을 자연과학과 인문학을 통합하는 데 써서는 안 되는가라며 오히려 반문한다. 그가 보기에 두 영역 간의 차이는 단지 문제의 크기 차이일 뿐 해답을 찾는 데 필요한 원리들의 차이는 아니라고 여겨지기 때문이다. 즉, 그는 자연과학에서 사용하는 환원적 개념을 이용해 두 문화를 통섭하는 것이 가능하다고 본 것이다.

통섭에 대한 탐색은 보편적 개념과 연관을 찾는 것이기에 얼핏 창조성을 구속하는 것처럼 보일지도 모른다. 하지만 실제 통섭은 그 반대다. 통합된 지식 체계는 아직 탐구되지 못한 실재 영역을 확인하는 가장 확실한 수단이 되기 때문이다.

비버의 꼬리와 이빨은
합쳐질 필요가 있나?

사회적 행동은 생물학적 욕구에서 발로한다

윌슨의 사상을 논하기 위해서는 먼저 사회생물학에 대한 이해가 필요하다. 사회생물학社會生物學, Sociobiology이란 생물의 사회적 행동에 대한 생물학적 근거를 연구하는 학문이다. 이는 윌슨이 1975년에 펴낸 『사회생물학: 새로운 합성』(1975)에서 처음 제시하여 대중화된 개념이다. 사회생물학에서는 사람을 비롯해 모든 동물의 사회적인 행동들이 자연선택을 비롯한 생물학적 과정으로 이해되고 설명될 수 있다고 본다. 생물들은 생식을 통한 유전자의 전달을 최고의 목표로 하기 때문에, 더 효과적으로 자신의 유전자를 후대에 전달하기 위해 생존경쟁을 하게 된다. 동물들이 나름의 사회 속에서 영위하는 사회적 행동 역시 유전자를 전달하기 위한 생물학적 과정의 일부라는 것이다.

사회생물학은 동물들의 사회 행동을 이해하는 데 유용한 관점을

제공한다. 예를 들어 우리는 흔히 동물들이 생존과 번식을 위해 이기적인 행동을 통해 경쟁한다는 고정관념을 갖고 있지만, 실제로 동물들의 행동은 이타적으로 보이는 경우가 많다. 그런데 사회생물학에서는 동물들에게 나타나는 이타적인 행위 역시 유전적으로 살펴보면 매우 이기적인 것이라고 설명한다. 이는 단일 개체 수준에서는 이타적인 행위처럼 보이지만, 개별 개체의 이타적인 행위로 인해 전체 사회 집단의 이익이 증가되기 때문이라는 것이다. 윌슨은 개미 연구의 대가大家이기 때문에 개미를 통해 이를 설명했다.

개미는 대표적인 사회성 곤충으로 매우 서열화되고 분화된 사회 조직을 가진다. 개미사회의 가장 많은 구성원인 일개미는 모두 암개미임에도 불구하고, 이들은 스스로의 번식을 억제하며 대신 여왕개미를 도와 자매 개미들을 키우는 데 몰두한다. 이는 얼핏 보면 자신의 번식 욕구를 희생시키는 이타적인 행위로 보이지만, 사회생물학에서는 이런 행동이 유전적으로 볼 때 매우 이기적인 행위라고 설명한다. 이는 개미의 성별에 따른 독특한 염색체 구성과 번식 특성에 기인한다.

개미는 암컷에 비해 수컷의 염색체 숫자가 절반에 불과하다. 즉, 여왕개미와 일개미를 비롯한 암개미는 염색체가 배수체($2n$)인데 반해, 수개미는 반수체(n)에 불과하다. 이는 개미의 독특한 특성으로, 이렇게 차이가 나는 것은 여왕개미가 두 가지 방식으로 알을 낳기 때문이다. 보통의 경우 여왕개미는 자신의 난자와 결혼 비행에서 받아 저정낭에 저장해둔 수개미의 정자를 결합시켜 암컷인 일개미들을 낳는다. 그러다가 새로운 여왕개미를 낳아 일가를 분할할 때가 오면 자신의 난자만을 처녀 생식으로 발생시켜 수개미를 낳는다.

보통 암수가 짝을 이뤄 번식하는 경우, 자신이 가진 유전자의 $\frac{1}{2}$만을 후대에 전달할 수 있다. 그러나 여왕개미를 도와 자매 개미를 낳도록 돕는 경우, 여왕개미의 유전자 $\frac{1}{2}$과 수개미의 유전자 전부(수개미는 그 자체가 반수체이기 때문에)가 더해져, $(\frac{1}{2} \times \frac{1}{2}) + \frac{1}{2} = \frac{3}{4}$의 유전적 동일성을 갖게 된다. 따라서 일개미의 입장에서 보면 스스로 번식하는 것보다 여왕을 도와 자매 개미를 낳도록 하는 것이 더 많은 유전자를 전달할 수 있다. 그리고 이는 일개미의 번식 억제는 이타적인 행위가 아니라 지극히 이기적인 행위라는 것을 말해준다.

일개미가 스스로의 번식을 억제하는 것은 언뜻 이타적인 행위로 비치지만, 실은 여왕개미를 도
와 자매 개미를 낳는 것이 더 많은 유전자를 전달할 수 있기 때문으로, 지극히 이기적인 동기에
서 나왔다.

또한 사회생물학에서는 같은 종의 동물의 수컷과 암컷 사이에서 행동의 차이가 나타나는 것은 서로 다른 두 성性이 그들의 유전자를 효과적으로 후손에게 전달하기 위해 서로 다른 전략을 구사한 결과로 설명한다. 최근에는 이런 성적 행동의 차이에 대한 사회생물학적 관점을 인간의 남녀 행동 차이에 연결지어 보는 경우가 많다. 이 경우 일부는 설명이 가능하나, 인간의 이성보다는 본능을 더 우위에 놓아 접근하는 방식과 다양한 인간의 사회적 행동을 단순히 생

물학적 번식 욕구로 본다는 이유로 격렬한 논쟁의 대상이 되었으며, 이는 지금까지도 이어져오고 있다.

도킨스의 밈인가, 윌슨의 모방자인가?

인간은 생물 중에서도 매우 특이한 존재이다. 즉, 인간은 생물의 일종으로 유전자의 발현에 의해 만들어졌지만 여타의 동물들과는 다른 삶을 살아간다. 그리고 그 특이성은 인간만이 이룩해내는 '문화'에서 기인한다. 영국의 생물학자 도킨스Richard Dawkins는 『이기적 유전자The Selfish Gene』(1976)를 통해, 문화를 전달하는 밈 개념을 만들어냈다. 그는 문화 전달은 유전자gene의 전달처럼 진화의 형태를 취하는데, 문화 요소의 진화는 유전자의 진화 방식과는 다르다고 보았다. 따라서 문화가 전달되기 위해서는 유전자가 복제되는 것과 같은 복제 기능이 있는 중간 매개물이 필요하며, 이 역할을 하는 정보의 단위 · 양식 · 유형 · 요소가 바로 밈meme이라는 것이다.

윌슨 역시 문화적 모방자의 존재를 긍정했지만 그 정의는 도킨스의 것과 조금 다르다. 윌슨은 1981년 유전자-문화 공진화 이론을 주장하면서 모방자는 문화의 단위이며, 그것은 의미 기억의 연결점과 그것의 뇌활동의 상응물이라고 말한 바 있다. 연결점은 개념, 명제, 도식의 여러 수준에서 존재할 수 있으며 아이디어나 행동의 복잡성을 결정하고 문화 속에서 이런 복잡성들이 유지되는 것을 돕는다. 또한 그는 연결점으로서의 모방자 개념과 일화 기억과 의미 기억 간의 구분조차도 뇌과학과 심리학의 발전으로 인해 더 정교해지고 세분화되어, 결국에는 모방자 단위에 관한 연구가 뇌과학 분야에서 수행되어야 한다고 주장한다.

통섭에 반기를 들다

다양한 학문 체계를 하나로 아우르는 통섭에 대한 월슨의 주장은 처음 제시되자마자 미국 내에서는 이에 대한 대규모 심포지엄이 열렸을 정도로 많은 사람의 관심을 끌었다. 그러나 양극화된 두 문화의 분리로 단절된 학문 체계에 문제점을 느끼고 있던 이들이 그

"정치학과 물리학의 용어들이 통합될 까닭이 없다"며 로티는 오히려 공통된 근거의 확립이 민주주의를 해칠 수 있다고 반박한다.

"모든 현상은 물리 법칙으로 환원될 수 있다"는 윌슨의 사고는 웬델 베리뿐 아니라, 많은 인문학자들로부터 공격받고 있다.

의 통섭 개념에 많은 지지를 보낸 것과 반대로 신랄한 비판을 가한 이들도 많았다. 이에 역자인 최재천 교수는 통섭에 반대한 학자들의 의견 역시 서두에 함께 제시하며, 독자들로 하여금 통섭에 대한 다양한 시각을 가질 수 있게 도와준다. 그에 대한 비판은 크게 두 부류로 나뉜다.

첫번째 비판은 보편적 진리에 대한 것이다. 20세기 영미철학을 대표하는 철학자 중 한 명인 리처드 로티Richard Rorty는 두 문화 간의 장벽을 합리적 현실로 인정하고 있기에, 통섭 개념에 매력을 느끼지 못한다. 그는 이전에도 개개인이 나름의 절대적 진리를 추구하는 것은 문제가 없지만, 모두를 아우르는 보편적인 진리의 근거가 있다는 주장은 잘못된 것이며, 오히려 진리를 공통적 근거 위에 확립하려는 노력을 포기할 때 실천적인 차원에서 민주주의를 실현하려는 노력이 더 자유롭게 이루어질 수 있다는 사상을 피력한 바 있다. 그리하여 그는 윌슨의 『통섭』에 대한 서평을 쓰면서 '비버의 꼬리와 이빨이 합쳐질 필요가 없듯이 물리학과 정치학의 용어들도 서로 통합될 까닭이 없다' 며 윌슨의 통섭 개념에 대해 부정적인 시각을 내비쳤다.

두번째 비판은 통섭 그 자체보다 자연과학을 중심으로 한 윌슨식 통섭 개념에 대한 비판이다. 농부이자 작가인 웬델 베리는 『삶은 기적이다』(2006)를 통해 윌슨의 통섭에 정면으로 반박한다. 그는 윌슨이 '모든 현상을 궁극적으로 물리적 법칙들로 환원' 시킬 수 있으며, 세계를 '합법칙적인 물질세계' 로 규정하는 것에 반기를 든다. 즉 그는 윌슨의 통섭이 전제하는 물질주의, 환원주의, 기계론적 사고는 삶의 의미를 빼앗으며, 현대 과학의 이러한 사고방식은 결국 산업주의와 전체주의로 이어진다고 말한다. 모든 학문을 자연과학, 더 자세하게는 생물학을 통해 통섭하려는 윌슨의 이러한 주장은 비단 문명 비판론자인 베리뿐만 아니라, 통섭 그 자체에 수긍하는 많은 인문학자들에게도 약점으로 꼽히는 부분이다. 그들은 진정 통섭을 원한다면 인문학을 자연과학에 통합시키거나 자연과학을 인문

학적으로 설명하는 것이 아니라, 인문학과 자연과학을 연
결하고 아우르는 제3의 통합 학문이 존재해야 할 것이라
고 주장하기도 한다.

학적으로 설명하는 것이 아니라, 인문학과 자연과학을 연
결하고 아우르는 제3의 통합 학문이 존재해야 할 것이라
고 주장하기도 한다.

1

"문학적 지식인과 과학자의 사이는 몰이해, 때로는 특히 젊은이들 사이에서 적의와 혐오로 틈이 크게 갈라지고 있다. 그러나 그보다 더한 것은 도무지 서로를 이해하려 들지 않는다는 점이다. 이상하게도 그들은 상대방에 대해서 서로 왜곡된 이미지를 가지고 있다. 그들은 심지어 지식만이 아니라 정서적인 차원에서도 별반 공통점을 찾을 수 없다. 이러한 양극 현상은 우리 모두에게 실제적인 손해이고 지적인 손실이며 창조성의 말살이다."

— C. P. 스노의 『두 문화The two cultures and the scientific revolution』 중에서

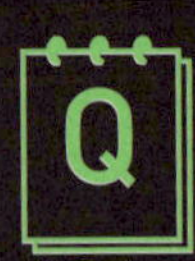

이미 1950년대에 스노는 인문학과 자연과학 사이의 간극이 커서 두 문화로 나뉠 정도이며, 이로 인해 많은 손해를 보고 있다고 우려한 바 있다. 스노의 '두 문화 간의 괴리'에 대한 우려가 실질적인 것인지, 현실에서 일어나고 있는 현상들과 연결지어 설명하라.

2

공포의 근원은 어디에서 오는가? 지금까지 공포는 학습된 것이라는 주장이 많았지만, 최근의 연구 결과 유전적으로 각인된 '근원적 공포'도 존재한다. 생쥐를 이용한 실험에서, 한 번도 고양이를 접해본 적이 없는 갓 태어난 생쥐일지라도 고양이 냄새가 나는 곳은 가까이 가길 꺼려한다는 것이 관찰되었다. 심지어는 먹이가 놓여 있음에도 고양이 털이 떨어져 있어 고양이 냄새가 나는 곳으로는 다가가지 않는다. 이처럼 때로는 선천적으로 타고나는 공포도 존재하는 것처럼 보인다. 인간 역시 마찬가지다. 많은 문화권에서 뱀에 대한 이미지는 동일하게 나타난다. 뱀은 공포의 원천이며 불길함의 상징이다. 신기한 것은 뱀에 물린 적도 없고, 심지어는 뱀을 한 번도 접한 적이 없는 어린아이들조차도 뱀에 대한 근원적인 공포를 가지고 있다는 것이다. 이를 살펴보면 뱀에 대한 공포는 문화적인 뿌리를 넘어 유전적인 근거가 있는 것처럼 보이기도 한다. 이런 현상을 윌슨의 '유전자-문화' 공진화 개념을 통해 설명하여라.

『지식의 통섭』

최재천 · 주일우 공편 | 이음

에드워드 윌슨이 『통섭』을 출간한 이래 '통섭'의 개념은 매우 빠르게 퍼져나가 전 사회적인 화두가 되었다. 그리하여 『지식의 통섭』에서는 통섭의 개념을 좀더 명확하게 정의내리고, 적극적인 활동을 모색해야 한다는 취지 아래 국내의 다양한 전문가들의 의견을 모아 정리했다. 이 책은 과거에 지식의 경계를 넘어서려 했던 아리스토텔레스, 베이컨, 박지원 등의 통섭 지향적인 발자취를 살펴보고, 오늘날 새로운 영역을 만들어가고 있는 학문들에 대해 고찰해본다. 통섭 이전에 해야 할 일은 '소통'이라고 강조하는 이 책을 통해 오늘날 우리나라 자연과학과 인문학의 위상과 현실을 살펴볼 수 있을 것이다.

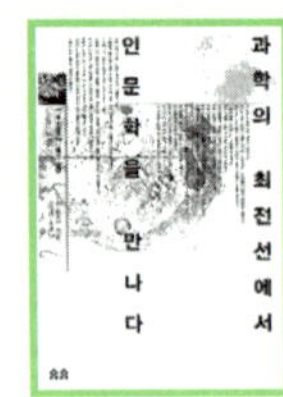

『과학의 최전선에서 인문학을 만나다』

존 브록만 편 | 안인희 옮김 | 소소

최근 들어 과학자들은 연구와 저술을 통해, 15세기에는 지식 전체를 의미하던 '인문주의'를 새롭게 정의하는 '제3의 문화'를 만들어가고 있다. 이 책은 '새로운 인문주의자'인 이들이 인문학과 과학을 아우르면서 제시하는 새로운 사상을 담고 있다. 또한 컴퓨터과학, 인지과학, 진화생물학 등의 분야에서 핵심적인 역할을 담당하고 있는 과학자들의 혁명적인 작업과 아이디어의 자취를 따라가본다. 제레드 다이아몬드, 스티븐 핀커를 비롯해 22명 석학들의 통찰이 담겨 있는 이 책을 통해 우주와 인간을 어떻게 이해할 것인지에 대해 다시 한번 생각해보자.

1 계몽주의啓蒙主義, enlightenment란 17·18세기 유럽에서 일어났던 지적知的 운동으로 신神·이성理性·자연·인간 등의 개념을 하나의 세계관으로 통합한 사상 운동이다. 계몽주의의 핵심은 이성 중심이며, 이성의 힘에 의해 인간은 우주를 이해하고 자신의 상황을 개선할 수 있다고 하는 것이다. 중세 유럽에서 모든 것으로 여겨졌던 그리스도교의 지적·정치적 체계는 인간 중심주의 운동인 르네상스와 종교개혁에 의해 신랄한 공격으로 그 힘을 잃게 되었고 그 결과 인간을 중심으로 하는 계몽주의가 등장하게 되었다. 계몽주의는 지식·자유·행복이 합리적 인간의 목표라고 보았기에, 사람들 사이에서 넓은 공감대를 형성했고 예술·철학·정치에 혁명적인 발전을 가져왔다.

믿을 수 없는 소식을 들었을 때 사람들은 흔히 '내 눈으로 보기 전까지는 절대 믿을 수 없다'고 말하
곤 한다. 인간은 감각기관으로 느끼는 정보를 중요시하는데, 그중에서도 시각을 통해 받아들인 정보
를 가장 신뢰하는 경향을 보이기 때문이다. 지금까지 우리는 스스로의 경험과 관찰을 통해 얻은 정
보가 가장 과학적이고 믿음직한 것이라는 데 은연중 동의해왔다. 보고 듣고 만질 수 있는 것만이 진
리라는 생각은 근대를 지나면서 더욱 굳어졌고, 이는 근대의 주요 사상인 과학의 근본적인 믿음이
되었다.

그러나 지난 한 세기 동안 발달한 현대 과학은 '인간의 경험은 얼마든지 잘못된 결과를 낳을 수 있
다'는 사실을 뼈저리게 느끼게 해주었다. 그것은 '엑스파일'의 멀더 요원이 믿었던 것처럼 '진리란
항상 저 너머에 있기 때문'이 아니라, 우리의 경험만으로는 인식할 수 없는 세계가 발견되었기 때문
이다. 브라이언 그린의 책 『우주의 구조』는 바로 이런 점을 인정한 사람들을 위한 책이다. 우주는 너
무나 넓고 너무나 오랜 세월 동안 존재해왔던 시공간이기 때문에, 우리의 경험만으로 우주의 실체를
파악하는 것은 불가능하다. 따라서 그린은 이 광대한 우주의 실체를 인간 경험을 넘어선 최신 물리
학 버전으로 이해하는 것을 돕기 위해 이 책을 저술했다.

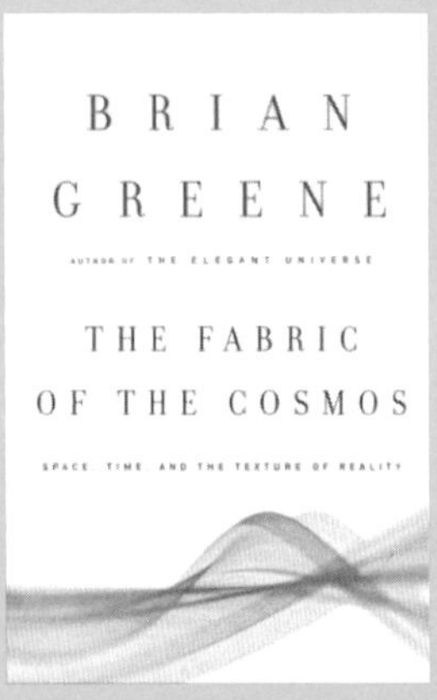

시간과 공간, 그 근원을 찾아 떠나다

브라이언 그린의 『우주의 구조』

브라이언 그린Brian Green은 1963년 미국 뉴욕에서 태어났다. 어릴 때부터 수학에 천재적인 재능을 보였던 그린은 1980년 하버드대에 입학해 물리학을 전공했고, 1986년에 로즈 장학생으로 영국 옥스퍼드대에서 박사 학위를 받았다. 현재 미국 콜롬비아대의 수학 및 물리학 교수로 재직 중인 그린은 25개국을 넘나들며 물리학 강의를 하고 있고, 비교적 젊은 나이임에도 불구하고 초끈 이론의 선구자로 생존하는 가장 유명한 물리학자 중 한 명으로 꼽히고 있다.

그린의 대표작으로는 『엘러건트 유니버스The Elegant Universe』가 꼽히는데, 이는 초끈 이론과 입자물리학의 발전에 대한 책으로 대단한 반향을 불러일으킨 베스트셀러이다. 대개 대중서는 쉽고, 재미있고, 경쾌하게 쓰여지는 것이 보통이다. 그에 반해 과학서는 일반적으로 녹록치 않은 주제, 과학적 사실에 어긋남이 없는 내용, 은유나 비유 없이 과학적 사실을 설명하는 직설적 설명화법의 3가지 악조건을 가졌다. 그럼에도 불구하고 브라이언이 많은 사람의 관심을 이끌어낼 수 있었던 것은 그만이 가지고 있는 능력, 즉 복잡한 과학적 사실을 충분히 이해하고 이를 정확하고 단계적으로 설명할 수 있는 능력을 지녔기 때문으로 여겨진다. 이로 인해 『엘러건트 유니버스』는 퓰리처상 최종 후보에 오르기도 했으며, 그런 그린이 자신만의 장점을 십분 발휘하여 쓴 책이 바로 『우주의 구조』다.

공간과 **시공간**의 실체

공간은 과연 실존하는 것인가?

어두운 밤 가로등도 없는 직선 고속도로에서 나 홀로 운전을 하면 순간 묘한 느낌을 겪을 때가 있다. 차는 분명히 달리고 있는데 나는 움직임을 전혀 느낄 수 없는 것이다. 이때 속도계를 살펴보면 바늘은 일정 속도를 가리키며 움직이지 않는 것을 알 수 있다. 만약 주변에 다른 속도로 달리는 자동차가 있다면 비교가 되어 구분이 가능하지만, 나 홀로 존재한다면 움직임을 감지하기 힘들다. 그러나 가속페달을 밟아 속도를 올리면—혹은 브레이크를 밟아 속도를 낮추면—그제야 자동차의 움직임이 느껴진다. 이처럼 직선 경로를 따라 등속운동을 하는 경우 자신이 움직이고 있는지의 여부를 알 수 없게 된다. 그러나 속도가 변하는 가속운동을 하면 특별한 기준 없이도 자신이 움직이고 있다는 것을 느낄 수 있다.

등속운동과 가속운동은 모두 물체가 끊임없이 움직이는 상태임에도 불구하고 왜 가속운동만이 다른 기준점 없이도 움직이고 있다는 사실이 감지되는 것일까? 이 단순해 보이는 질문은 공간의 의미와 아주 밀접하게 관련되어 있다. 뉴턴은 '운동'의 기준이 되는 고정된 무언가를 가정하여 이를 '절대공간'이라 불렀다. 여기서 절대공간이란 어떠한 기준이 없이도 그 자체로 완전하게 정지되어 있으며, 따라서 절대공간을 이동시키거나 운동시키는 것은 불가능한 일이다. 뉴턴의 절대공간 개념은 당시 학자들에게 많은 영향을 미쳤다. 가속운동은 절대공간을 기준으로 하여 속도가 계속 변하기 때문에 변화가 느껴진다는 것이다.

그러나 모두가 뉴턴에게 동의한 것은 아니었다. 대표적인 반대자는 라이프니츠로, 그는 공간 자체가 존재하지 않는다고 주장했다. 그에 따르면 공간이라는 것은 단순히 사물의 상대적 위치를 결정하는 하나의 방법에 불과한 것이지, 존재하는 그 무엇이 아니라는 얘기다. 과연 공간이 실존하는 것인가 아니면 일종의 방법에 불과한 것인가의 논쟁은 그후에도 이어졌으나, 뉴턴의 역학 법칙이 절대공간의 개념을 든든히 뒷받침해주었기 때문에 후대 학자들은 별다른 의심 없이 공간의 존재를 받아들였다.

끝난 것 같았던 공간 개념에 다시 의문을 품게 된 것은 19세기에 들어서면서였다. 오스트리아의 물리학자 마흐는 인간이

뉴턴의 절대공간에 의심을 품고 '우주에 흩어져 있는 모든 물질의 평균 분포 상태를 기준으로 삼아 상대적인 운동을 고려해야 한다'고 주장했던 마흐.

아무런 기준점도 없는 텅 빈 우주에 홀로 존재한다면, 등속으로 움직이든 가속운동을 하든 아무런 의미가 없을 것이라고 생각했다. 뉴턴의 절대공간을 인정한다면 공간 자체가 정지되어 있으므로 모든 운동의 움직임이 느껴져야 한다. 다시 말해 가속운동만이 느껴져야 할 이유가 없는 것이다. 마흐는 곰곰이 생각한 끝에, 만약 주변에 아무것도 비교할 것이 없는 텅 빈 공간이라면 등속이든 가속이든 움직임은 느껴지지 않는다고 결론 내렸다. 그는 또한 공허한 공간은 물리학적으로 아무 의미가 없다고 믿었다. 우주는 결코 빈 공간이 아니며, 따라서 우리는 우주 안에 흩어져 있는 모든 물질의 평균 분포 상태를 기준으로 삼고 상대적인 운동을 고려해야 한다고 생각했다.

뉴턴의 절대공간은 상당히 추상적이었지만, 마흐의 공간 개념은 우주에 존재하는 실재 물질들이 기준이 되기 때문에 별의 움직이는 힘과 가속도를 더 수월하게 관측할 수 있었다. 물리학자들은 점차 추상적인 절대공간 개념을 탈피하여 마흐의 공간개념을 받아들이기 시작했고, 결국 아인슈타인은 이를 토대로 '시공간' 개념을 만들어냈다.

물체는 시공간에서 운동한다

19세기에 많은 물리학자들을 괴롭히던 주제는 빛이었다. 빛은 입자의 성질을 띠면서 동시에 파동의 성질도 나타내는 모순된 존재였다. 17세기의 뉴턴은 빛이 입자라고 굳게 믿었지만, 19세기에는 맥스웰의 전자기파 발견으로 빛이 파동의 일종이라는 개념이 더 우세해졌다. 그런데 빛이 파동이라면 빛의 이동에는 이를 매개하는 매질이 필요하다는 문제가 제기되었다.

연못에 돌을 던지면 수면을 통해 파동이 전해지지만, 연못이 말라 물이 없다면 돌을 아무리 던져도 파동은 전해지지 않는다. 그런데 빛은 우주 공간을 가로질러 달과 태양과 별빛을 지구에 전달해주고 있었다. 만약 우주 공간이 텅 비어 있다면 빛의 파동은 지구까지 전해질 수 없었을 것이다. 이에 학자들은 천체 사이의 공간은 텅 빈 것이 아니며, 아직까지 발견되지 않은 미지의 물질로 채워져 있다고 가정했다. 그리고 이 가상의 물질에 '에테르'[1]라는 이름을 붙이고, 미지의 물질 에테르를 찾는 데 주력했다.

빛은 입자가 아니라 파동임을 밝혀냈던 맥스웰. 이로써 빛의 개념은 완전히 뒤바뀌었고,
이후 그가 밝히려 했던 노력들은 실패했지만 궁극적으로 아인슈타인의 시공간 개념 발견으로까지 연결될 수 있었다.

그렇지만 에테르의 존재는 쉽게 밝혀지지 않았다. 게다가 1887년에 이루어진 마이컬슨과 몰리의 실험에서 빛의 속도는 관측자나 광원의 운동 상태에 관계없이 항상 초속 30만 킬로미터 정도를 이룬다는 결과가 나오자 학자들은 당황했다. 만약 빛이 에테르를 통해 이동하는 파동이라면 관측자의 위치나 빛의 진행 방향에 따라 다르게 느껴져야 하기 때문이다.

이 모순을 해결한 것은 아인슈타인이었다. 아인슈타인이 던진 질문은 간단했다. "만약 빛의 속도로 움직이는 사람이 빛을 본다면 빛의 속도는 얼마로 느껴질까?" 시속 100킬로미터로 움직이는 자동차에 탄 사람은 나란히 시속 100킬로미터로 달리는 옆 자동차의 움직임을 느끼지 못한다. 그렇다면 빛의 속도로 달리고 있는 사람이 본 빛도 정지해 있는 것처럼 보여야 한다. 그러나 맥스웰의 방정식에 의하면 빛의 속도는 결코 0이 될 수 없기 때문에 모순이 생긴다. 이 모순을 해결하기 위해 고민하던 아인슈타인은 결국 '빛은 이 세상 모든 것에 대해 초속 약 30만 킬로미터를 나타내며 그 속도는 불변한다'는 가정을 이끌어낸다. 이는 상식에 비추어 황당한 가정이었지만 이를 인정하면 많은 물리학적 난제들이 쉽게 풀린다. 아인슈타인은 자신의 가정을 증명하기 위해 새로운 '시공간 timespace' 개념을 도입했다.

이를 이해하기 위해 하나의 예를 들어보자. 어떤 사람이 자전거를 타고 북쪽으로 직행하다가 X라는 지점에 이르러서는 북동쪽으로 방향을 전환해서 계속 달린다고 가정하자. X에 이르

아인슈타인은 "물체의 운동은 공간 속에서가 아닌 시공간에서 일어난다"고 생각했다.

기 전까지 자전거의 모든 속도는 북쪽으로 가는 데 할당되었지만, X를 지나고 난 뒤에는 자전거 속도의 일부는 북쪽, 일부는 동쪽으로 가는 데 나뉘기 때문에 좌표상에서 북쪽으로 가는 속도는 그만큼 느려진다. 이는 아주 간단한 벡터 계산이지만, 이만큼 아인슈타인의 일반상대성이론과 시공간 개념을 잘 나타내 주는 예가 없다.

아인슈타인은 물체의 운동을 이전 학자들처럼 공간 속에서만 파악한 것이 아니라 시간 속에서도 파악했다. 물체의 운동은 항상 시간의 변화를 수반하는 것이기 때문이다. 아인슈타인은 결국 시공간의 최대 속도는 광속光速, 즉 빛의 속도라고 보았다. 따라서 정지해 있는 물체들은 공간 속에서는 가만히 있는 것처

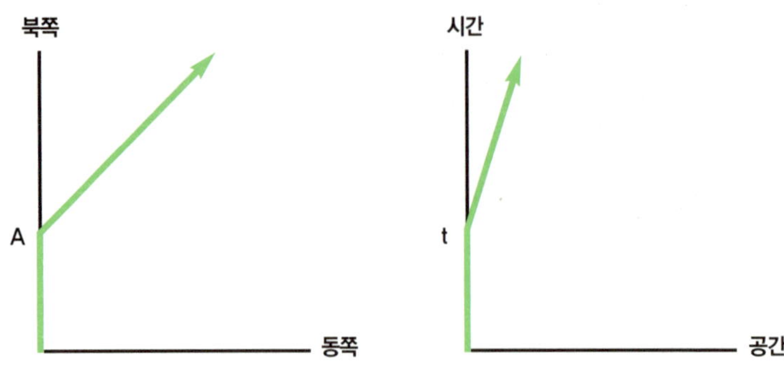

럼 보일지라도 시간 속에서는 광속으로 과거로 이동하는 중이다. 그러나 우리 역시 같은 속도로 과거로 가고 있기 때문에 그 속도를 느끼지 못할 뿐이다.

다시 앞에서 이야기한 자전거 운동에서 북쪽을 시간, 동쪽을 공간으로 바꾸어 생각해보자(위의 표 참조). 정지한 물체는 시간을 따라 계속 이동하고 있다. 그런데 이 물체가 공간 속을 움직이기 시작하면 그 물체의 속도 중 일부가 공간을 움직이는 데 쓰여 시간축으로 움직이는 속도는 그만큼 느려진다. 다시 말해 움직이는 물체에는 다소나마 시간 지연 효과가 나타나게 된다. 그러나 우리가 이를 느끼지 못하는 것은 빛의 속도(초속 약 30만 킬로미터)에 비해 다른 물체들의 속도가 형편없이 느려 그 차이가 너무 작기 때문이다. 이것이 바로 아인슈타인의 특수상대성이론의 골자이다.

빛은 시공간에서 모든 속도를 공간 이동에서 사용하는 실체로, 모든 속도를 낭비 없이 사용하므로 시공간의 최대 속도인 초속 30만 킬로미터로 움직이며, 따라서 전혀 나이를 먹지 않는 존재이다. 즉 안드로메다 성운에서 출발한 빛은 지구에 도달할 때까지 200만 년이나 걸리지만, 만약 그 빛에 생명체가 타고 있다면 그 생명체는 출발할 때 그 모습 그대로 전혀 변하지 않았을 것이라는 말이다. 이로써 우주는 단지 여기저기 별들이 흩어져 있는 공간만이 존재하는 것이 아니라, 3차원의 공간과 1차원의 시간이 더해진 4차원의 시공간으로 이루어졌다는 아인슈타인의 이론이 등장했다.

우주의 **비밀**을 밝히려는
이론적 시도들

먼 옛날 사람들은 땅은 평평하기 때문에 계속해서 전진한다면 세상의 끝에 도달할 수 있을 것이라 생각했고, 하늘은 둥근 공 모양이고 별은 사람들의 영혼이 발하는 빛이라 믿기도 했다. 인식의 한계로 인해 고대인들은 나름대로의 낭만과 상상을 덧붙여 자신들이 알지 못하는 것들을 이해한 것이다.

우주의 구조에 대해 비현실적인 상상이 아니라 현실적인 이론이 등장한 것은 17세기 과학혁명기였다. 갈릴레이와 뉴턴이라는 걸출한 두 과학자는 자신의 경험과 관찰을 토대로 우주에서 일어나는 움직임에 숨은 규칙을 발견하는 데 성공했던 것이다.

"우주는 견고한 절대적 실체"

17세기의 근대 과학자들은 천체의 움직임을 수학적으로 분석한 끝에 모종의 규칙이 있음을 알아차렸고, 이를 모든 천체에

적용했다. 이 무렵 활동했던 선구적 과학자들은 '우주 내의 삼라만상은 설명과 예측이 가능한 방식으로 진행된다'는 주장을 편다. 미래의 사건을 논리적인 방법을 통해 정확하게 예측하는 과학의 위력이 비로소 발휘되기 시작한 것이다.

이 시대의 과학자 중 단연 눈에 띄는 사람은 뉴턴이다. 뉴턴은 당시 알려져 있던 지구의 운동 규칙을 단 몇 개의 방정식을 이용하여 설명하는 데 성공함으로써 '고전물리학classical physics'의 새로운 지평을 열었다. 뉴턴은 시간과 공간은 절대불변의 실체이며, 이로부터 구성된 우주 역시 절대로 변하지 않는 견고한 세계라고 생각했다. 우주는 이러한 견고한 실체 내에서 정해진 규칙에 따라 움직이는 정교한 기계와 같다는 것이다. 따라서 고전물리학의 기본 이념은 '과거와 미래의 모든 정보는 현재의 순간에 각인되어 있다'는 것이다. 만약 당신이 임의의 시간에 어떤 물체의 위치와 속도를 알고 있다면, 이로부터 그 물체의 모든 과거와 모든 미래의 위치를 예측할 수 있다는 것이다. 마치 미사일의 현재 위치와 속력을 알 수 있다면 그 미사일이 어디에

서 발사되어 얼마만큼의 속도로 어디로 떨어
질지 예측이 가능하다는 것이다(이 원리로 인해
요격 미사일인 패트리어트 미사일이 개발되었다).
뉴턴의 고전물리학은 자연현상들을 놀라울 정도로
정확하게 서술하게 해주었을 뿐 아니라, 그로부터 얻은 모든 수
학적 결과들은 우리의 일상적인 경험과 일치했기 때문에 곧 널
리 받아들여지게 되었다. 또한 뉴턴의 역학 법칙이 중력과 물체
의 운동을 설명한 것과 마찬가지로 맥스웰의 방정식이 전자기
력과 관련된 현상들을 설명하는 데 성공하자, 19세기 이론물리
학자들은 곧 물리학이 우주의 모든 것을 설명해낼 것이라고 믿
어 의심치 않았다. 켈빈 경은 이제 남은 문제는 빛의 특성과 달
궈진 물체가 내뿜는 복사 에너지에 대한 것, 두 가지뿐이라고
생각했고, 이 문제도 머지않아 그 실체가 밝혀질 것이라고 예상
했다. 하지만 이 두 가지 문제는 생각만큼 쉽게 풀리지 않았다.

"공간은 시간축을 따라 쉬지 않고 흘러간다"

우리가 현재 알고 있는 빛의 특성[2]은 아인슈타인이라는 20
세기 최고의 천재에 의해 밝혀진 것이다. 그는 빛이 광자로 이

루어져 있다는 광양자설로 빛의 본질에 대해 설명해냈을 뿐 아니라, 특수상대성이론과 일반상대성이론까지 도출해냈다.

아인슈타인이 이런 업적을 남길 수 있었던 것은 마치 절대적 진리처럼 여겨지던 뉴턴의 '절대공간'의 존재를 부정했기 때문이다. 뉴턴식 세계관에서는 입자로 이루어져 있으면서 파동의 성격을 띠는 빛의 본질을 결코 설명할 수 없다. 아인슈타인은 빛의 본질을 추구하는 과정에서 '시간과 공간은 절대적이지 않으며 서로 무관하지도 않다. 이들은 관측자의 운동 상태에 따라 얼마든지 다르게 보일 수 있으며, 서로 긴밀하게 연관되어 있다'는 획기적인 생각에 이르게 된다. 우리가 살고 있는 세계는 절대적이 아니라 상대성이론이 적용되는 상대성의 세계였던 것이다.

아인슈타인의 이론에 의해 뉴턴의 '절대적 세계'는 치명타를 입었다. 그러나 우리는 여전히 뉴턴의 역학을 배우고 그가 발견한 중력 법칙을 신봉한다. 이는 상대론적 효과는 아주 극단적인 상황—운동 속도가 빛에 가까울 정도로 빠르거나 블랙홀처럼 중력의 세기가 매우 큰 경우—에서만 두드러지게 나타나기 때문에 우리가 인식할 수 있는 세계에서는 뉴턴 역학만으로 설명이 가능하기 때문이다. 그렇다고 해서 우주에 두 가지 진리가 동시에 존재하는 것은 아니다. 우주는 분명 상대론적 원리에 지배받는 공간이지만, 적어도 인간의 인식 범위 내의 세상에서는 상대성이 나타나는 경우가 극히 적기 때문에 절대공간을 가정한 뉴턴 역학이 훌륭하게 적용되는 것이다.

아인슈타인은 뉴턴의 절대공간을 무너뜨렸으나 대신 시공간의 존재를 인정했다. 즉 우리의 우주는 수많은 별들이 흩어진 3차원 공간으로만 구성된 것이 아니라, 3차원의 공간에 1차원의 시간이 더해진 4차원적 시공간으로 구성되어 있다는 것이다. 공간 전체가 시간축을 따라 쉬지 않고 미래로 흘러가는 곳, 그곳이 바로 아인슈타인이 생각한 시공간이며 우주의 실체였던 것이다.

양자적 실체 : 결정된 것은 아무것도 없다

뉴턴의 고전역학은 아인슈타인의 상대성이론으로부터 강편치를 맞은 후 양자역학에 의해 근본적으로 흔들리게 된다. 뉴턴의 역학은 사과나무에서 떨어지는 사과로부터 우주에 있는 별들의 움직임까지 설명하는 데 부족함이 없다. 그런데 20세기 초 뉴턴 역학이 전혀 손댈 수 없는 부분이 나타났다. 바로 원자를 이루는 소립자들의 움직임이다. 세상에는 네 가지 힘이 존재한다. 강한 핵력, 약한 핵력, 전자기력, 중력이 바로 그것이다. 이들 힘의 세기는 순서대로 작아지는데, 뉴턴 역학은 중력이 미치는 범위를, 맥스웰 방정식은 전자기력이 미치는 범위를 설명하는 데 유용했지만, 원자 수준의 핵력이 미치는 영향에서는 전혀 힘을 발휘하지 못했다. 원자 수준의 아주 작은 단위에서는 질량이 극히 작기 때문에 중력이 거의 작용하지 못하는 대신 강한 핵력과 약한 핵력이 주요하게 나타난다. 그런데 이들 힘이 작용하는 세계에서는 모든 것이 결정되어 있지 않다. 양자역학에서는 특정 순간의 속도와 위치를 동시에 파악할 수 없다고 생각한다. 속도를 재는 것이 위치에 영향을 미치며, 위치를 파악하는 것이 속도에 영향을 미치기 때문이다. 이것이 바로 하이젠베르크의 불확정성의 원리[3]이다.

이런 불확정성 때문에 양자역학에서는 어떤 물체의 현재 순간 위치와 속도를 정확히 아는 것이 불가능하고, 따라서 그 물체의 과거와 미래의 행적 역시 정확한 값이 아니라 확률값으로밖에 나타낼 수 없다고 주장한다. 이런 양자역학적 세계는 우리가 사는 세계의 모습 역시 다양한 가능성이 있다고 말한다. 고전 역학에 따르면 세계는 명확하게 제 갈 길을 따라가는 것처럼 보이지만, 양자역학에 의하면 하나의 대상에 여러 개의 상태가 공존할 수 있다. 적절한 방법을 동원하여 물체가 가질 수 있는 다양한 가능성을 모두 차단하고 단 하나의 상태만을 허용했을 때만 이 사물은 비로소 명확한 상태에 놓이게 되지만, 이 경우에도 어떤 상태가 나타날지는 확률적으로만 계산될 뿐이다.

아직 해결되지 않은 통일장 이론

우주의 특성을 올바르게 이해하는 과정에서 가장 난해한 것은 바로 '시간'의 문제다. 시간이 공간과 다른 독특한 점은 특정한 방향으로만 진행된다는 사실이다. 사람은 시간이 지나면 아무리 원치 않아도 늙어갈 뿐이며 결코 젊어지지 않는다. 이런 시간의 비대칭성은 너무도 당연한 것이라 대부분의 사람은 여기에 대해 어떤 의문도 품지 않았다. 그러나 지금까지 알려진 물리학적 법칙에 따르면 시간이 한쪽 방향으로만 흘러야 할 이유는 전혀 없다. 물리학 법칙에 따르면 시간은 어느 방향을 특별히 선호하지는 않는다. 하지만 우리에게 있어 시간은 늘 미래로만 흘러간다. 이처럼 기초 물리학 법칙과 일상적인 경험 사이에 일어나는 커다란 불일치를 어떻게 설명할 수 있을까?

이에 대해 로저 펜로즈는 빅뱅 이론을 통해 우주론적 관점에서 시간의 흐름을 설명한 바 있다. 우주의 기원에 대해서는 아직도 논란이 많지만 많은 학자들은 대폭발big bang을 통해 우주가 시작되었다는 데 동의한다. 빅뱅 이론은 초기 우주에는 고도의 질서가 존재했으며, 빅뱅의 순간을 마치 팽팽하게 태엽을 감는 시계가 돌아가는 것에 비유한다. 태엽이 일단 풀리면 다 풀릴 때까지 되감기지 않듯이 초기 빅뱅 순간에 고착된 시간의 방향성은 항상 미래로 흐르는 것으로 고정되었다는 것이다. 빅뱅 이론은 초기 우주에는 고도의 질서가 존재했으며, 탄생 초기 우주는 엄청나게 빠른 속도로 팽창을 겪었다는 전제를 깔고 있다. 초기 우주는 바늘 끝만큼 작지만 엄청난 에너지를 가진 존재로, 100만×1조×1조분의 1초 사이에 100만×1조×1조 배 이상 팽창되었다는 것이다. 이런 단시간의 엄청난 팽창을 근거로 하면 시간의 비대칭성도 설명이 가능하다.

초기 우주에 고도의 질서가 존재했으며, 탄생 초기 우주는 엄청나게 빠른 속도로 팽창을 겪었다고 주장하는 빅뱅 이론. 하지만 이 이론을 설명하기 위해서는 상대성이론과 양자역학이 충돌해, 이 모순 해결을 위해 통일장 이론이 등장했다.

그러나 빅뱅 이론을 통해 우주의 모습을 설명하는 데에는 치명적인 문제점 한 가지가 있다. 이것으로 우주를 설명하면 아인슈타인의 상대성이론이 정확히 들어맞지만, 우주 탄생 직후 아주 짧은 시간 동안의 작은 크기 우주를 설명할 때에는 양자역학이 필요하다는 것이다. 문제는 시공간의 존재를 인정하는 상대성이론과 모든 것이 불확정적이라는 양자역학을 한데 묶어 설명하면 엄청난 모순이 발생한다는 것이다.

이런 모순을 해결하기 위해 등장한 것이 바로 통일장 이론unified theory이다. 아인슈타인의 일반상대성이론은 별이나 은하와 같은 거시적 세계를 설명하는 데 유리하고, 양자역학은 원자 규모의 미시적 세계를 설명하는 데 탁월하다. 이들은 모두 범우주적인 이론이지만, 둘을 섞어놓으면 모순이 발생한다는 것이 아인슈타인의 최대 고민거리였다. 그는 생애 마지막 30년간을 이 둘의 모순을 해결하는 통일된 이론을 찾아내는 데 보냈지만 결국 그 답을 알지 못한 채 세상을 떠났고, 완성된 통일장 이론을 찾기 위한 학자들의 노력은 계속되고 있다. 현재 가장 유력한 통일장 이론 후보로 제시되는 것은 초끈 이론이며, 저자인 브라이언 그린 역시 초끈 이론의 대표적 선두자이다.

만물은 **초끈 이론**으로 통일된다?

통일장 이론統一場理論, unified field theory이란 말 그대로 입자 물리학의 기본 입자들 사이에 작용하는 모든 힘의 형태와 상호관계[4]를 하나의 통일된 개념으로 설명하고자 하는 이론이다.

맥스웰은 그 유명한 '맥스웰 방정식'을 통해 이전까지 서로 다른 힘이라고 여겨왔던 전기장과 자기장이 나타내는 규칙을 통합하는 데 성공했다. 그는 전기력과 자기력을 한데 묶어 전자기장 텐서tensor라는 하나의 기본적인 대상으로 통일했던 것이다. 이와 마찬가지로 아인슈타인은 우주에 존재하는 모든 힘을 하나의 이론으로 통합하는 새로운 이론을 찾아내는 데 생의 마지막 30년을 쏟아부었다. 그러나 아인슈타인은 끝내 통일장 이론을 발견하지 못했고, 이후 게이지 이론, 와인버그-살람 이론 등 다양한 통일장 이론이 제시되었으나 과학자들의 합의된 논의를 이끌어내지는 못했다.

현재 통일장 이론의 가장 강력한 후보로 제시되는 것은 초끈 이론superstring theory이다.

초끈 이론이 탄생할 수 있었던 것은 이전과는 다른 새로운 전제를 인정했기 때문이었다. 물체를 이루는 최소 단위는 무엇인가라는 질문을 받는다면, 물리학자들은 모든 만물은 미립자전자와 쿼크로 이루어져 있다고 말할 것이다. 이들 미립자는 크기가 없는 점의 형태를 지니며, 다양하게 결합하여 양성자와 중성자를 만들고 원자를 이룬다. 초끈 이론은 이들 전자와 쿼크의 존재를 인정하지만, 이들이 점의 형태가 아니라 100×10억$\times 10$억 배나 되는 작고 가느다란 끈(초끈)으로 이루어져 있으며, 각각의 끈이 진동하는 형태에 따라 다양한 입자의 모습으로 나타난다고 전제한다. 예를 들어 질량이 9.11×10^{-31}킬로그램이고 전하가 1.6×10^{-19}쿨롱이라면 그 끈은 전자에 해당한다는 것이다. 끈의 진동 패턴이 달라지면 그들은 쿼크나 뉴트리노 등 다른 미립자가 될 것이다. 끈이라는 단 하나의 개체가 진동 패턴의 차이에 따라 온갖 입자들

전자기현상의 모든 면을 통일적으로 기술해 전자기학의 기초가 되는 방정식을 수립했던 맥스웰.

전자나 쿼크는 끈으로 이루어졌으며, 끈이 진동하는 형태에 따라 온갖 다양한 입자가 만들어진다.

을 만들어내고 있으니, 모든 만물은 초끈 이론이라는 하나의 이론으로 통일되는 셈이다. 이는 마치 아인슈타인이 빛이 입자인 동시에 파동이라는 모순을 광양자설을 통해 설명하고 하나로 합친 것과 비슷하다. 현재 초끈 이론은 아인슈타인이 그토록 찾았던 통일장 이론의 가장 강력한 후보다.

물론 초끈 이론에도 문제가 없는 것은 아니다. 이 이론을 받아들이기 위해서는 아주 황당한 가정을 인정해야 하는데, 그것은 우주의 시공간이 3차원의 공간과 1차원의 시간으로 이루어진 4차원 세계가 아니라, 9차원(혹은 10차원) 공간과 1차원의 시간으로 이루어진 10차원(혹은 11차원)의 세계라는 점이다. 그러나 현재로서는 4차원 이상의 다른 차원을 찾아낸 적이 없고, 그런 차원이 존재한다는 암시조차 알아낸 적이 없기 때문에 이 모든 것은 가정에 불과하다.

이런 가정에도 불구하고 초끈 이론이 옳은 것으로 최종 판정이 난다면 '우리 눈에 보이는 세계는 진정한 실체의 전부가 아니라 실체의 일부에 지나지 않는다' 는 옛 격언이 동서고금의 진리가 될 것이다.

1 우리는 현재 모순되는 여러 가지 물리학 이론들이 공존하는 세상에 살고 있다. 뉴턴의 고전물리학과 아인슈타인의 현대 물리학, 상대성이론과 양자역학이 바로 그것이다. 이들은 옳은 이론으로 받아들여지지만, 각각 상대의 이론을 옳다고 인정하면 자신의 이론에 문제가 생기는 모순을 안고 있다. 이에 각 이론들이 어떻게 모순을 피하고 공존할 수 있는지 두 가지 경우로 나누어서 설명하여라.

힌트 1) 우주는 분명 상대론적 원리에 의해 지배받는 공간이지만, 적어도 인간의 인식 범위 내의 세상에서는 상대성이 나타나는 경우는 극히 적기 때문에 절대공간을 가정한 뉴턴 역학이 훌륭하게 적용되는 것이다. 어떤 이론이 '옳다'는 것을 인정하는 것과, 그 이론을 실제로 사용하는 것은 다른 의미이다.

힌트 2) 상대성이론과 양자역학은 조금 다르다. 상대성이론은 거시적 세계에 더 잘 적용되고 양자역학은 미시적 세계를 더 잘 설명할 수 있지만, 이 두 이론은 모두 보편적인 이론이다. 따라서 이 둘의 모순을 해결하기 위해서는 둘을 통합한 통일 이론이 필요하다. 아인슈타인이 빛의 입자설과 파동설의 모순을 해결하는 광양자설을 제시한 것처럼 말이다. 최근에는 이 통일장 이론에 대해 다양한 가정들이 제시되고 있는데, 그중에서 가장 유력한 후보는 '초끈 이론'이다.

2 영화 〈혹성탈출〉은 서기 2029년을 배경으로 우주여행을 떠난 주인공이 이름 모를 행성에 불시착하면서 벌어지는 일을 다룬 SF영화의 고전이다. 주인공이 불시착한 행성은 유인원들이 지배하고 인간은 혹사당하는 알 수 없는 곳이었다. 이 영화의 충격적인 반전은 그들이 불시착한 행성이 바로 그들이 얼마 전에 출발했던 지구라는 사실에 있다. 우주선에 탄 이들은 짧은 시간 동안만 여행하다가 다시 지구로 돌아왔으나 그사이 지구에서는 수많은 세월이 흘렀으며 그동안 유인원들이 인간을 지배하는 세상으로 바뀌어 있었던 것이다. 이런 시간여행 패러독스가 가능한 이유를 아인슈타인의 시공간 개념과 상대성이론을 통해 설명하라.

하리하라의
과학고전 카페

『사이먼 싱의 빅뱅』

사이먼 싱 지음 | 곽영직 옮김 | 영림카디널

대중 과학서 분야의 뛰어난 저자로 알려진 사이먼 싱은 '빅뱅 이론'에 대해 들어보기는 했지만, 그것이 어디서 출발하여 어떻게 발전되어왔는지에 대해서는 알지 못하는 독자들을 위해 이 책을 내놓았다. 저자는 '우주는 어떻게 시작되었는가?'라는 큰 주제를 두고 고대 그리스에서 출발하여 갈릴레이, 케플러, 뉴턴 등의 업적을 짚어보며 우주론의 체계를 세워나간다. 또한 허블, 아인슈타인, 호일 같은 과학자들의 이론을 통해 우주의 시작을 본격적으로 알아본다. 각 장의 마지막마다 요약 페이지가 달려 있어 우주론의 변화를 살펴보기에 적당하며, 어렵게만 느껴졌던 빅뱅 이론을 제대로 이해할 수 있는 기회가 될 것이다.

『양자나라의 앨리스』

로버트 길모어 지음 | 이충호 옮김 | 해나무

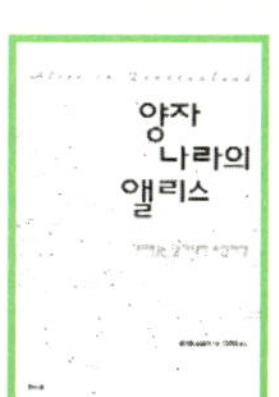

로버트 길모어는 루이스 캐롤이 지은 『이상한 나라의 앨리스』의 주인공들을 등장시켜 난해한 양자역학을 쉽고 재미있게 설명한다. 수십 컷의 삽화를 직접 그려넣어 어려운 이론을 한결 이해하기 쉽게 한 점도 이 책의 큰 장점이다. 앨리스의 눈높이로 세계의 본질적인 특징들을 짚어나간 이 책을 읽으며 그동안 알지 못했던 양자역학에 대한 궁금증을 풀어보자.

1 에테르는 음파가 공기와 같은 탄성 매질에 의해서 전달되듯이 빛과 같은 전자기파의 전달매질로 작용한다고 믿었던 이론적인 우주의 물질이다. 에테르는 무게가 없고 투명하며 마찰이 없고, 화학적·물리적 방법에 의해서는 탐지가 불가능하며 문자 그대로 모든 물질과 공간을 투과하여 존재한다고 생각되었다. 그러나 1905년 아인슈타인에 의해 특수상대성이론이 정립되면서, 빛과 같은 모든 전자기파의 속력이 보편 상수라는 그의 가설에 입각하여 에테르 가설은 불필요하게 되었다. 참고로 이때 말하는 에테르는 현재 우리가 실험실에서 동물 마취를 할 때 쓰는 에테르와는 전혀 다른 개념이다.

2 우리가 흔히 '빛'이라고 부르는 것은 가시광선을 나타내는 것으로 이때의 빛은 육안으로 볼 수 있는 일종의 전자기 복사를 의미한다. 반면 넓은 의미로 빛은 적외선과 자외선, X선, 감마선까지 모두 포함하여 지칭하는 말이다.

진공상태에서 빛의 속도는 매우 중요한 보편상수로 보통 c로 나타내는데 그 값은 299,792,458m/s이며, 세상에서 가장 빠른 속도를 갖는다. 빛의 본질에 대한 논쟁은 고대 그리스 시대부터 시작되었는데, 가장 대표적인 것이 입자설과 파동설이다. 고전물리학의 거두인 뉴턴은 빛을 입자들의 움직임(입자설)으로 보았고, 호이겐스와 맥스웰은 빛을 파동(파동설)으로 보았다. 빛의 본질이 입자인지 파동인지에 대한 논의는 두 가지 특성을 모두 보이는 빛의 특성으로 인해 오랫동안 논쟁의 대상이 되었다. 게다가 19세기 후반 발견된 광전 효과는 빛을 입자와 파동 중 어느 것으로 보아도 설명할 수 없는 현상이어서 빛의 본질에 대한 실체는 더욱 미궁으로 빠져들었다. 이 문제에 답을 낸 이가 바로 아인슈타인인데, 그는 빛이 광자라고 하는 작은 덩어리로 양자화된 존재이며 광자의 에너지는 파동의 진동수에 비례한다는 광양자설을 제시하여 빛의 본질을 설명해냈다.

3 불확정성의 원리란 1927년 독일의 물리학자 하이젠베르크가 어떤 물체의 위치와 속도를 동시에 정확하게 측정하는 것은 이론적으로 불가능하다고 주장한 법칙이다. 그러나 이는 인간이 인식 가능한 세계가 아니라, 원자 수준에서의 이야기다. 전자와 같은 원자 구성 입자들의 속도를 정확히 측정하려고 하면 예측 불가능한 방향으로 입자들이 튀어나와 이 입자들의 위치를 동시에 정확하게 측정하는 것은 불가능하다. 두 가지 값 중 하나의 값이 정확하게 측정될수록 다른 값은 정확도가 떨어지기 때문에 불확정성의 원리라는 이름이 붙었다. 이는

측정 기구나 측정 기술의 정확성과는 관계가 없으며, 소립자 차원에서 입자와
파동 간의 본질적인 상호연관성 때문에 발생하는 것이다.

4 물리학에서는 장場이란 분리되어 있는 물체 사이에서 상호작용을 매개하는 범
위다. 예를 들어 전기장이란 전하를 띠는 미세한 입자에 작용하는 시간과 공간
의 범위다. 현재까지 발견된 힘은 모두 네 가지로, 강한 핵력, 약한 핵력, 전자
기력, 중력이 그것인데, 이들은 나열 순서대로 그 힘의 강도가 약해진다. 강한
핵력은 원자핵 내의 양성자와 중성자 등 핵자들을 결합시키는 힘이며 약한 핵
력은 원자핵과 전자를 결합시키는 힘이다. 이들 핵력은 매우 강력한 힘을 가지
고 있지만 센티미터 정도의 아주 근거리에서만 작용하고, 거리가 멀어지면 급
격히 떨어지기 때문에 일상생활에서는 거의 느끼지 못한다. 중력은 네 가지 힘
중 가장 약한 힘이지만, 중력이 발생하는 물체들의 질량이 매우 크고 그 효과
범위가 넓기 때문에 우리가 가장 잘 느낄 수 있는 힘이다.

여기는 범죄 현장. 잔인하게 살해된 피해자의 모습에 수사요원들은 모두 무거운 침묵에 빠졌다. 용의자는 있었지만, 목격자도 없고 알리바이도 대고 있어 그가 범인이라는 증거는 미약했다. 이 사건의 유일한 단서라고는 피해자의 손톱 밑에 남아 있는 약간의 혈흔뿐. 아마도 마지막 순간 피해자가 있는 힘을 다해 가해자의 몸을 할퀴면서 남긴 단서인 듯했다. 수사요원들은 재빨리 피해자의 손톱 밑에서 DNA를 채취했고, 실험에 맞도록 처리한 DNA 샘플을 DNA 염기서열을 파악해주는 기계 속으로 집어넣었다. 기계는 웅웅거리는 소리를 내며 돌아가더니 곧 DNA의 염기서열을 분석했다. 이제 남은 것은 용의자의 DNA와 샘플을 대조하는 것뿐. 드디어 결과가 나왔다. 바로 그 용의자가 피해자를 살해한 범인으로 밝혀진 것이다. 예전 같았으면 미궁에 빠졌을 법한 사건이 단숨에 해결되었다. 그의 혈액세포 속에 들어 있던 작은 DNA 가닥들 때문에.

때론

작은 아이디어가
세상을 발견한다

제임스 왓슨의 『이중나선』

제임스 왓슨은 누구인가?

제임스 왓슨James Watson, 1928~은 시카고 출신의 미국 생물학자로 프랜시스 크릭 등과 함께 1953년 DNA의 이중나선 구조를 찾아낸 것으로 유명하다. 이 업적으로 그는 1962년 노벨 생리·의학상을 수상했으며, 이후 세포의 작동 기작을 분자 수준에서 규명하는 분자생물학의 시대를 열었다. 1956년 하버드대의 생물학과 교수로 임용된 이후, 1968년부터는 롱아일랜드의 콜드 스프링 하버 연구소Cold Spring Harbor Laboratory에서 책임자로, 1988~1992년에는 국립보건원National Institutes of Health, NIH에서 휴먼게놈 프로젝트Human Genome Project를 담당하기도 했다. 연구자이지만 저술가로도 유명한 그였는데, 『유전자의 분자생물학』(1965), 『이중나선』(1968) 등이 대표적인 저술이다.

DNA의 **유전물질 가능성**을 제시하다

이 책은 제임스 왓슨의 입장에서 쓰여진 일종의 'DNA 구조 발견기'이다. 일인칭 시점으로 서술해 저자의 시선을 그대로 따라갈 수 있는 점이 매우 흥미진진하지만, DNA 발견을 둘러싼 다양한 상황을 왓슨 개인의 시선에서만 바라보는 단점도 있다. 따라서 책을 읽기 전에 먼저, 왓슨과 크릭 이전에 유전물질을 연구하던 이들과 왓슨과 크릭 당대의 다른 연구 그룹들을 살펴보는 것이 DNA 구조 분석을 둘러싼 상황을 이해하는 데 도움이 될 것이다.

핵산을 발견하다

19세기 말, 현미경이 발달하면서 사람들은 세포 분열 시에 세포핵 속에 나타났다 사라지는 막대기 모양의 물질에 주목하게 된다. 이 물질은 보통 때는 보이지 않다가 분열하는 세포에

미셔와 그의 실험실. 미셔는 핵산, 즉 DNA를 발견하는 대단한 성과를 거뒀지만, 그것이 유전과 연관성이 있을 거라곤 미처 생각지 못했다.

서만 나타나서는 두 개의 세포로 나뉘어 들어가는 모습을 보였다. 사람들은 이 물질에 '염색체chrompsome' 라는 이름을 붙였고, 그 정체에 대해 연구하기 시작했다.

그중 한 명이 스위스의 생화학자 프리드리히 미셔Friedrich Miescher, 1844~1895였다. 미셔는 1868년 고름에 들어 있는 백혈구의 핵을 추출하여 성분을 분석한 결과, 세포핵 안에는 인과 질소로 이루어진 물질이 존재함을 알아내 거기에 뉴클레인nuclein이라는 이름을 붙여주었다. 이후 미셔는 백혈구뿐 아니라, 다른 세포의 핵에도 인과 질소가 듬뿍 들어 있다는 것을 발견했고,

1874년에는 이 물질이 산성을 나타낸다는 사실을 알아내 다시 뉴클레익 애시드nucleic acid, 즉 핵산核酸이라는 이름을 지어주었다. 미셔는 처음으로 핵산, 즉 DNA의 존재를 밝혀냈지만 DNA와 유전과의 연관성에 대해서는 알지 못했다.

순한 R형이 표독스럽게 바뀐 이유는?

1928년 영국의 세균학자였던 그리피스Fred Griffith, 1877~1941의 실험은 유전물질의 정체에 대해 새로운 방향을 제시한다. 그리피스는 폐렴을 예방하는 폐렴 백신을 개발하기 위해 폐렴구균Pneumococcus을 이용해 실험을 하고 있었다. 당시 그가 사용했던 폐렴구균은 S형과 R형 두 가지였는데, 같은 폐구균이라도 S형은 독성이 강해 치명적인 폐렴을 일으키는 반면, R형은 독성이 거의 없거나 약해서 여기에 감염되어도 폐렴에 걸리지 않았다.

첫번째 실험에서는 생쥐에 각각 SSmooth형과 RRough형을 주입했다. 그랬더니 예상대로 S형에 감염된 생쥐는 폐렴에 걸려 얼마 못 가 죽어버렸지만, R형을 주입받은 생쥐는 별탈이 없었다. 폐렴을 일으키는 것은 S형 폐구균이 만들어낸 독소가 아니라 살아 있는 S형 폐구균이었기 때문에, 이것을 처리해서 죽은 상태로 생쥐에 주입하면 생쥐는 멀쩡했다. 그리피스는 이번에는 방법을 달리 하여 S형 폐구균에 열처리를 함으로써 이를 완전히 죽인 뒤, 죽은 S형 폐구균과 독성 없는 살아 있는 R형 폐구균을 섞어서 쥐에 주입해보았다. 그는 독한 S형은 죽었고 R형은 살아 있지만 독성이 없으니 생쥐가 무사할 것이라 예상했는데, 실험 결과는 그의 기대를 배반하고 생쥐들이 모조리 폐렴에 걸려 죽어버리는 것으로 나왔다. 놀란 그리피스가 폐렴에 걸린 쥐들의 폐 추출물을 살펴보았더니, 거기에는 놀랍게도 살아 있는 S형 폐구균들이 득실대고 있었다.

그리피스의 연구 결과를 해석한다면, 독한 S형 폐구균이 죽으면 독성을 지니지 않게 되지만, 독성의 원인은 죽은 S형 폐렴균 안에 여전히 남아 있어 이를 살아 있는 R형과 섞을 경우 죽

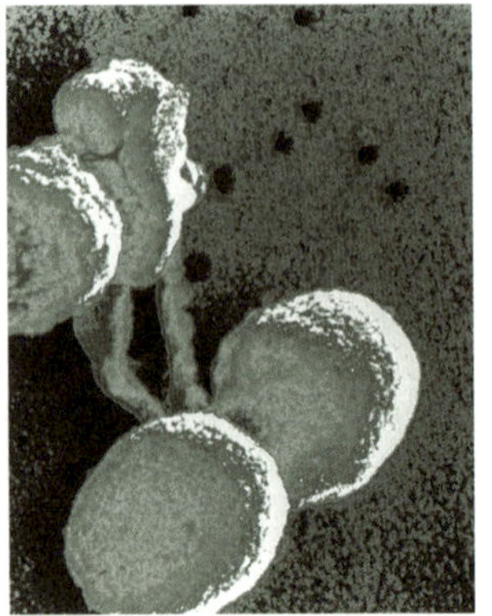

R형과 S형의 폐렴구균을 발견했던 그리피스는 그러나 R형이 급작스레 형질전환되는 이유는 결코 밝혀내지 못했다. 이에 대한 답은 에이버리(사진)에게 와서야 가능해졌다.

은 S형 폐구균의 독성 정보가 R형 폐구균으로 옮겨가 해롭지 않은 R형을 순식간에 무서운 S형으로 바꿔버린다고밖에는 볼 수 없었다. 그런데 과연 지금까지 순했던 R형을 표독스럽게 바꿔버리는 정보를 전달하는 물질의 정체는 뭘까?

이에 대한 답은 그리피스의 실험에 관심을 가졌던 미국의 세균학자 에이버리Oswald Avery, 1877~1955에게서 나왔다. 에이버리는 독성이 있는 S형 폐구균을 대량 배양한 뒤, 세포를 깨뜨려서 내용물을 따로 모았다. 그리고는 폐구균의 추출물에 든 성분을 하나하나 분리한 뒤, 각각 따로 무해한 R형 폐구균에 넣어서 이 순한 세균이 어떤 물질이 유입되었을 때 독성을 품게 되는지를 관찰하는 방식으로 유전물질을 찾기 시작했다.

실험을 거듭한 끝에 에이버리는 독성 폐구균에서 추출한 DNA를 무해한 폐구균에게 주입하자 지금까지 순한 모습을 보였던 폐구균이 당장 치명적인 폐구균으로 변신한다는 사실을 알아냈다. 이처럼 외부에서 들어온 DNA에 의해 생명체의 유전적 형질이 바뀌는 것을 '형질전환transformation'이라고 한다. DNA는 매우 안정적이기 때문에 분자 상태로 세포 밖에서도 파괴되지 않고 존재하다가 다른 세포로 들어갈 수 있으며, 이 경우 새로 들어간 세포 내에서도 원래의 유전적 성질을 발현하는 능력을 지니고 있기 때문에 이런 현상이 일어난다. 에이버리는 이 결과를 1944년, 공동 연구자였던 매클레오드Colin MacLeod, 1909~1972, 매카티Maclyn McCarty, 1911~2005와 논문으로 발표하여

DNA가 유전물질일지도 모른다는 사실을 세상에 알렸다.

유전물질을 둘러싼 공방전

오늘날에야 유전물질이 DNA라는 사실을 상식으로 받아들이지만, 당시의 학자들은 유전물질은 DNA가 아니라 단백질일 것이라고 굳게 믿고 있었다. 실제로 단백질은 인간의 몸을 구성하는 원소 중 물을 제외하고는 가장 많은 원소다. 인간의 몸은 10만여 종의 단백질로 구성되어 있기 때문에, 우리 몸의 정보가

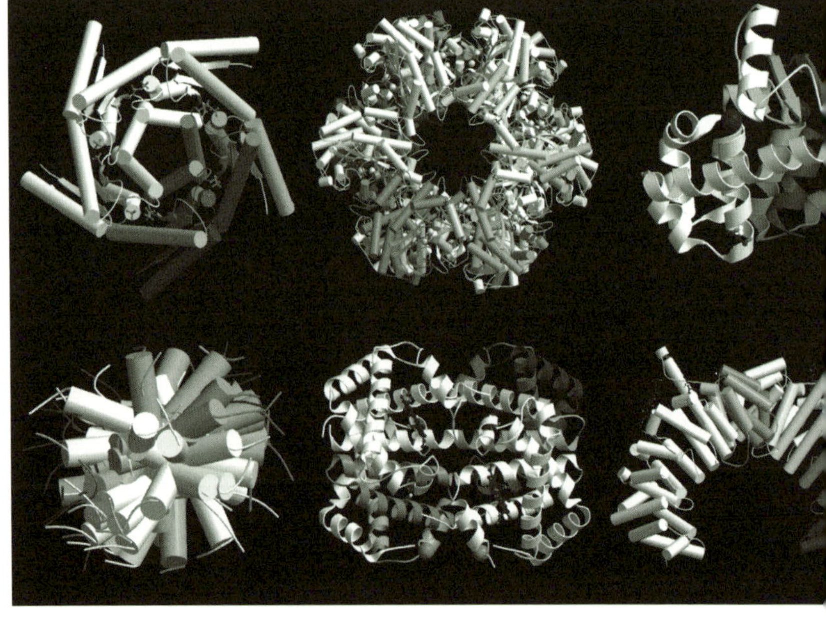

인간의 몸은 10만 여종의 단백질로 구성되어 있을 만큼 단백질은 다양하다. 그 구조 또한 매우 다양해서 과학자들은 단백질이 유전물질일 거라 추측했다.

담긴 유전물질 역시 단백질일 것이라는 믿음이 강했다.

또한 단백질은 20종의 아미노산으로 이루어져 있어서 이를 조합하면 매우 복잡하고 다양한 단백질을 만들 수 있기 때문에 복잡한 유전 정보를 저장하기 알맞아 보였다. 진짜 유전물질이었던 DNA는 그 구조가 너무 단순한 것이 오히려 마이너스 요인으로 작용했다. DNA는 오각형의 당을 중심 구조로 하여 인산과 네 종류의 염기, 아데닌, 구아닌, 시토신, 티민으로만 구성되어 있다. 연구자들은 겨우 네 가지만으로 그토록 복잡한 인간의 정보를 표현할 수는 없을 것이라 생각했다. 인간을 이루는 정보가 복잡할 것이라는 생각은 그 기본 구조 물질 역시 여러 종류일 것이라는 선입견을 갖게 했던 것이다.

그리피스와 에이버리의 실험을 통해 DNA가 유전에 관여한다는 증거들이 제시되었음에도 여전히 사람들은 DNA를 유전물질로 받아들이는 것에 인색했다. DNA가 정식으로 유전물질로 인정받기 위해서는 어떠한 방식으로 유전 정보를 후대에 전달하는지를 규명해야 했다. 즉, DNA의 화학적 구조를 알아내야 하는 과제가 남았던 것이다.

누가 DNA 구조를 밝혀낼 것인가?

1950년대 초반 이미 DNA의 구성 물질이 알려져 있었다. DNA는 가운데 오각형 모양의 디옥시리보오스를 중심으로 양쪽으로 인산과 염기를 하나씩 가진 디옥시뉴클레오티드라는 구조가 매우 길게 연결된 분자이며, DNA를 이루는 염기는 아데닌·구아닌·시토신·티민 네 종류이고, 아데닌의 양은 항상 티민의 양과 같고 구아닌의 양은 시토신의 양과 같다는 사실 밝혀져 있었다. 아데닌과 티민, 구아닌과 시토신의 비율이 동일하다는 것은 이 사실을 발견한 과학자의 이름을 따서 '샤가프의 법칙'(샤갸프Erwin Chargaff, 1905~2002)이라고 불린다. 이 법칙에 따라 DNA의 구조에서 아데닌과 티민, 구아닌과 시토신 사이에 모종의 연관이 있을 것이라는 예상을 할 수 있게 되었다. 따라서 이를 토대로 DNA의 구조를 연구하는 학자들이 늘어났는데, 그중에서 대표적인 연구팀이 미국의 물리화학자 라이너스 폴링Linus Pauling, 1901~1994, 영국 킹스대학의 윌킨스Frederick Wilkins, 1916~2004와 프랭클린Rosalind Franklin, 1920~1958, 그리고 영국 캐번디시 연구소의 왓슨James Watson, 1928~과 크릭Francis Crick, 1916~2004이었다.

단순한 아이디어가
DNA의 비밀을 밝히다

젊고 미숙했던 두 과학자

DNA를 연구하는 세 그룹 중 왓슨과 크릭은 가장 후발주자이자 가장 미숙한 팀이었다. 이미 세계적인 과학자로 명성을 얻고 있던 폴링이나 그 분야에서 경력을 쌓은 윌킨스와 프랭클린에 비해 둘은 아직 박사 학위조차 없는 대학원생으로 경쟁에 참여했으니 말이다. 하지만 젊고 미숙했다는 점이 오히려 그들에게는 장점이 되었다. DNA 구조를 연구하는 동안 왓슨과 크릭은 자신들의 경험이 짧다는 것을 익히 알고 있었기에 다른 연구들을 배우고 받아들이는 데 거리낌이 없었던 것이다.

샤가프의 법칙을 통해 DNA 구조를 밝히기 위한 바탕은 마련되어 있었다. 그 법칙에 따르면 네 가지 종류의 블록을 가지고 마치 성을 쌓는 작업을 해야 하는데, 단 빨간색과 노란색 블록의 수가 같고 파란색과 초록색 블록의 수가 같도록 해야 한다는 단서가 달려 있는 것과 마찬가지였다. 일단 두 염기의 비율이 일정하다는 것에서 그 둘이 어떤 방식으로든 짝을 지어 연결되어 있다는 추리가 가능해진다. 문제는 이 두 염기를 어떻게 짝지어 안정적인 구조를 이루도록 만드느냐는 것이다.

폴링: 나선 구조의 시초를 밝히다

DNA 구조의 시초를 밝힌 이는 라이너스 폴링이었다. 1954년 노벨 화학상 수상자이기도 한 폴링은 누구보다 뛰어난 화학자였고, 단백질의 구조를 밝혀낸 인물이기도 했다. 우리 몸을 구성하는 주요 성분 중 하나인 단백질은 수백에서 수만에 이르는 아미노산들이 결합하여 만들어지는 중합체이다. 이때 특정 단백질이 기능을 수행하기 위해서는 그것을 구성하는 아미노산의 순서도 중요하지만, 단백질이 가지는 구조 자체도 매우 중요한 역할을 한다. 아미노산의 순서가 제대로 되어 있더라도 혹 구조가 변형되면 그 단백질은 원래의 기능을 수행하지 못하게 된다. 상온에서 액체 상체로 존재하던 계란 흰

삼중나선 구조를 주장했던 라이너스 폴링.

자가 열을 가하면 고체로 변하는 것은 계란 흰자를 구성하는 단백질의 성분이 바뀐 것이 아니라, 단백질을 구성하는 아미노산들의 결합이 열에 의해 깨져서 모양이 변해 그 성상까지 달라지는 것이다.

폴링은 이 점에 착안해 DNA 구조를 유추했다. 그가 생각한 DNA 구조는 세 가닥의 나선이 꼬인 삼중나선 구조였다. 왓슨과 크릭 역시 처음에 폴링의 연구 결과를 보고 자신들이 생각했던 것과 너무 유사해 크게 놀랐다. 그러나 폴링의 모델을 자세히 관찰한 왓슨은 그가 실수했다는 것을 알아차린다. 폴링의 모델에서는 인산기가 해리解離되어 있지 않았던 것이다. DNA는 핵산核酸 즉 산酸의 일종인데, 폴링의 DNA 모델은 산성이 중화되어 있었다. 이제 왓슨과 크릭은 DNA 구조를 밝히기 위한 연구에 좀더 속력을 내기 시작한다.

X선 사진 한 장이 운명을 바꾸다

왓슨과 크릭은 DNA가 나선 구조로 꼬여 있을 것이라는 폴링의 생각에는 동의했지만, 어떤 방식으로 꼬여 있는지는 알 수가 없었다. 이때 그들에게 행운이 찾아왔다. 당시 DNA 구조를 연구하고 있던 또다른 팀인 킹스대학의 윌킨스와 프랭클린 사이에 균열이 생긴 것이다. 뛰어난 X선 학자였던 로잘린드 프랭클린은 X선을 이용해 DNA의 모습을 매우 근접하게 촬영하는

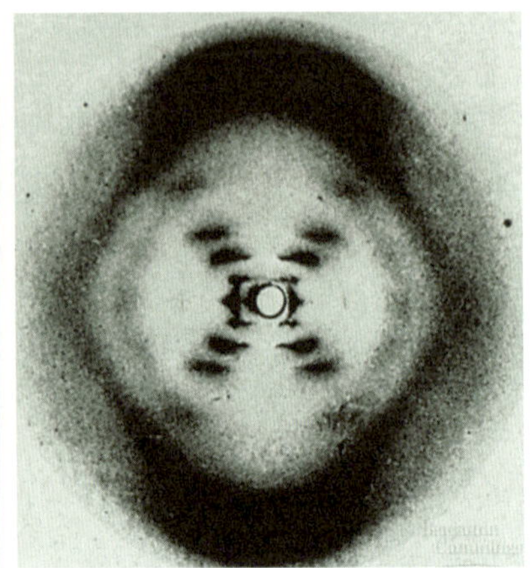

혁명적인 순간이었다. 로잘린드 프랭클린이 최초로 DNA의 X선 사진을 촬영했다. 그녀의 발견은 유전물질의 비밀을 밝혀내는 단초를 제공했다.

데 성공했지만, 아직 여성 과학자가 낯설던 시기에 자기주장이 너무 강해 동료들과 사이가 좋지 못했다. 특히나 윌킨스와의 사이는 점점 나빠지고 있었다. 프랭클린과 윌킨스의 불화는 왓슨에게 천금 같은 기회가 되었다. 프랭클린과 몇 번 다투고 사이가 나빠진 윌킨스가 허락도 받지 않고 그녀가 찍은 DNA의 X선 사진들을 왓슨에게 보여주고 만 것이었다.

왓슨은 프랭클린이 찍은 DNA의 X선 사진에서 뚜렷이 나타나는 X자 모양을 보고, DNA는 이중나선 구조를 가지고 있음을 거의 확신했다. 게다가 윌킨스는 '프랭클린 역시 DNA가 나선 구조이며, 나선 내부 쪽에 염기가 존재하고 바깥쪽으로 인산기가 돌출된 구조로 형성되었을 것이라고 생각한다'는 것까지 왓슨에게 알려주었다. 이제 남은 것은 염기들을 어떻게 내부에 끼워넣어 이 나선을 안정적으로 만들어주는가였다.

블록놀이에서 아이디어를 착안하다

왓슨과 크릭은 곧 행동에 들어갔다. 그들이 한 일은 네 개의 염기 분자 모형을 주문한 것이었다. 프랭클린은 DNA의 구조를 화학적 방정식을 통해 계산하려 했다. 반면 왓슨과 크릭은 좀 유치하긴 하지만 보다 확실한 방식으로 DNA 구조를 그리려 했다. 그것은 바로 아이들의 블록놀이에서 착안한 아이디어였다. DNA를 이루는 염기는 겨우 네 종류였다. 그러니 네 가지 염기의 분자 모형을 만들어서 이리저리 맞추어보는 것이 더 쉽다고 생각했던 것이다. 그러나 문제는 생각만큼 쉽게 풀리지 않았다. 그들은 처음에는 같은 종류의 염기끼리 서로 붙어 있을 것이라고 추측했다. 즉 아데닌은 아데닌끼리, 구아닌은 구아닌끼리 붙어 있을 것이라고 말이다. 이렇게 짝을 지어놓자 DNA는 같은 염기들끼리의 수소결합을 통해 이중나선 구조를 가지고 있음이 명확해 보였다.

문제는 이렇게 같은 염기들끼리 수소결합을 통해 붙어 있다고 한다면, 왜 굳이 샤가프의 법칙이 나타나는지를 설명할 수 없다는 점이었다. 이에 두 사람은 분자 모형을 가지고 몇 번이나 더 씨름한 끝에 드디어 해결 방법을 찾았다. DNA는 내부에 염기를, 바깥쪽에 인산기를 내보이는 이중나선 구조로 되어 있

왓슨(왼쪽)과 크릭은 미숙했고, 그렇기 때문에 성공할 수 있었다. 그들은 남들의 연구를 받아들이는 데 거리낌이 없었고, 그들이 착안한 아이디어 역시 우리 주변의 아주 쉬운 놀이에서 가져온 것이었다. 권위 있는 과학자라면 결코 이런 과정을 밟지 않았을 것이다.

다. 이때 내부에 존재하는 염기들의 수소결합에 의해서 이중나선이 풀리지 않고 유지되는 힘을 가지는데, 반드시 아데닌은 티민과 구아닌은 시토신과 결합한다. 이렇게 해서 두 가닥의 DNA는 동일한 염기쌍이 아니라 서로 상보적인 염기쌍으로 이루어진 이중나선을 형성하는 것이었다. 이런 조합은 아데닌과 티민의 수가 동일해야 하고 구아닌과 시토신의 수가 동일해야 하므로, 이들의 비율이 항상 1:1이라는 것을 밝혀낸 샤가프의 법칙을 완벽하게 충족시킨다.

드디어 그들 눈앞에 DNA의 이중나선 구조가 펼쳐졌다. 사다리에 비유하자면 사다리의 양쪽 기둥이 바로 DNA의 당 부위이며, 사다리의 기둥을 연결하는 발판이 수소결합을 통해 결합한 염기들로 이루어진 구조다. 그들은 분자 모형을 통해 자신들이 오랫동안 베일에 감춰져 있었던 DNA의 구조적 비밀을 밝혀낸 것을 알았다. 이들은 1953년 4월 25일, 저명한 과학 저널인 『네이처』에 그 내용을 발표했고, 이 논문은 1962년 그들에게 노벨상을 수상하는 영광을 안겨준다.

DNA 구조가 왜 중요한가

DNA의 복제 방법

DNA가 유전물질이라는 것이 확실히 밝혀진 것은 DNA 구조가 밝혀진 이후다. 이전에도 DNA가 유전물질이라는 증거들이 있었지만, 왓슨과 크릭에 의해 구조가 설명된 이후에야 DNA가 유전물질이라는 것이 확실하게 받아들여진다. 그렇다면 DNA 구조를 밝히는 것이 왜 중요했을까?

DNA가 유전물질이라는 확증을 받기 위해서는 DNA가 어떤 방식으로 복제되면서 후손들에게 전달되는지를 설명할 수 있어야 한다. DNA는 단순히 생명체의 유전 정보를 담고 있는 저장 창고일 뿐 아니라, 스스로를 복제할 수도 있어야 한다. 그래야 세포 분열 시 딸세포에 동일한 유전 정보를 전달해줄 수 있기 때문이다. 이중나선 구조의 DNA는 복제 시 나선의 일부가 열리면서 한 가닥으로 떨어진 DNA를 주형으로 하여 새로운 DNA 가닥이 생성되는 방식으로

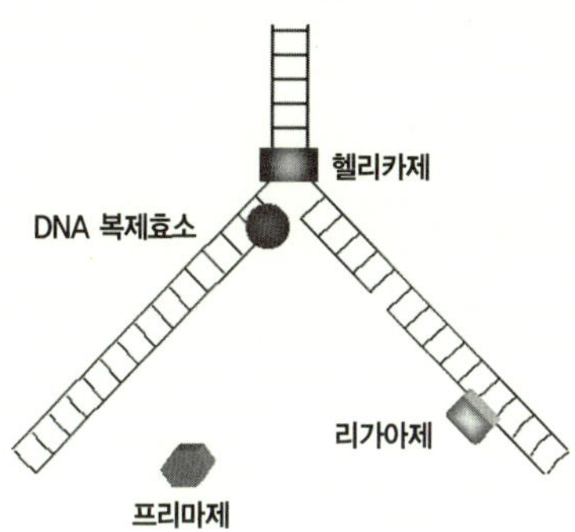

간단하게 그린 DNA 복제 그림. 이중나선 구조를 헬리카제가 풀고, 여기에 DNA 복제효소가
달라붙어서 새로운 DNA 가닥을 형성한다.

복제되는 간단하고도 효과적인 방법을 설명할 수 있게 해주었다.
예를 들어 여기에 지퍼가 하나 있다고 치자. 이 지퍼와 똑같은 지퍼
를 하나 더 만들고 싶다면 어떻게 하는 것이 가장 정확할까? 지퍼는
톱니의 개수나 모양이 조금만 틀려도 잘 맞물리지 않기 때문에 정
확하게 만들어야 한다. 따라서 지퍼를 정확히 복제하기 위한 가장
좋은 방법은 지퍼를 완전히 연 후에 각각의 톱니를 찰흙이나 석고
에 찍어 틀을 만든 뒤, 이를 이용해서 찍어내는 것이다.

DNA도 마찬가지의 방법을 이용해서 복제된다. 즉, DNA가 복제
될 때는 이중나선이 마치 지퍼가 열리듯이 한 가닥씩 떨어지면서,
각 가닥의 DNA가 주형이 되어 거기에 상보적인 디옥시뉴클레오티
드가 달라붙어 새로운 DNA 가닥이 정확하게 복제되는 것이다. 실

제로 세포 내 DNA 복제 시에는 헬리카제helicase라는 효소가 이중나선의 한쪽 끝에 달라붙어 마치 지퍼를 열듯 DNA를 두 가닥으로 풀어헤치고, DNA 복제효소DNA polymerase가 한 가닥의 DNA를 주형으로 하여 그에 상보적인 디옥시뉴클레오타이드를 갖다 붙여 새로운 가닥의 DNA를 만듦으로서 다시 이중나선 구조를 형성한다.

사라진 여성 과학자, 프랭클린

우리는 DNA 구조를 발견한 학자로 왓슨과 크릭만을 기억하지만, 실제로 1962년 노벨상 수상자는 세 사람이었다. 앞서 말한 왓슨과 크릭, 그리고 모리스 윌킨스가 그 주인공이었다. 그러나 실제로 DNA 구조 발견에 중요한 공을 세운 이가 한 명 더 있었으니, 바로 여성 과학자 로잘린드 프랭클린이다.

왓슨의 『이중나선』에서는 프랭클린이 '로지'라는 애칭으로 자주 등장한다. 그러나 왓슨과 그녀는 내내 사이가 좋지 않았고, 왓슨은 그녀를 시종일관 까다롭고 히스테리컬한 노처녀로 묘사한다. 심지어는 그녀가 심혈을 기울여 찍어놓은 DNA의 X선 회절 사진을 몰래 보았음에도 불구하고, 이를 그녀에게 알리지 않았다. DNA 구조 발견에 결정적인 공헌을 했음에도 왓슨에게 이렇게 무시를 당하고 결국 역사 속에서 사라진 프랭클린은 과연 어떤 인물이었을까?

로잘린드 프랭클린은 1920년 영국에서 태어났다. 케임브리지대

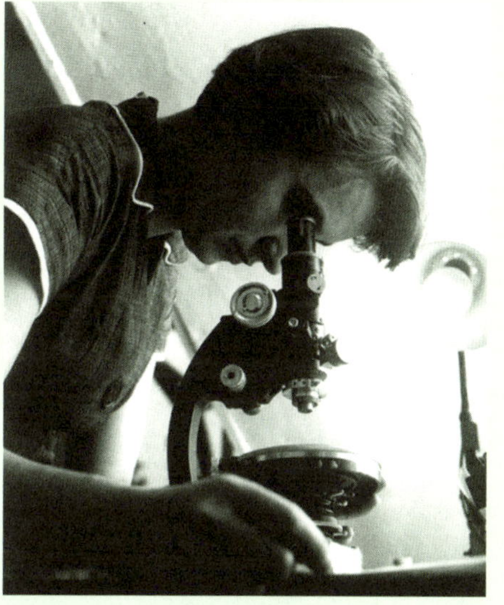

프랭클린(오른쪽)은 DNA가 유전물질임을 밝혀낸 과학자로 기억될 뻔했다. 하지만 여성 과학자를 등한시하는 풍토에서 동료 윌킨스와의 불화로 그녀는 역사 속에서 사라진 과학자가 되고 말았다.

에서 물리화학을 공부했고, 고체의 분자결정 구조에 대한 연구를 계속하다가 프랑스에서 X선 회절법이라는 새로운 연구 기법을 배운 뒤 영국으로 돌아와 킹스 칼리지에서 윌킨스와 함께 DNA 구조를 연구하게 된다. 그러나 두 사람은 심각한 불화를 겪었고, 이런 상황은 윌킨스가 그녀가 찍은 DNA 사진을 왓슨에게 무단으로 보여주는 데 일조했다. 동료였던 이들 사이가 균열됐던 이유 중 가장 큰 것은 윌킨스는 젊은 여성인 프랭클린을 자신의 조교 정도로 여긴 데 반해 프랭클린 자신은 그와 동등한 연구자로 대접받길 원했다는 점이다.

실제로 프랭클린은 윌킨스에 비해 결코 뒤지지 않는 지적 능력을 지녔으며, 실험실 전체 책임자였던 랜돌 역시 그녀에게 단독으로 프로젝트를 맡기고 있는 실정이라 이런 요구는 부당한 것이 아니었다. 하지만 여성 과학자를 인정하지 않던 당시 풍토에서 윌킨스는 이를 받아들일 수 없다며 맞섰고, 둘 사이의 냉전은 오래도록 지속되었다.

결국 프랭클린이 다른 연구소로 옮겨가면서 둘의 악연은 끝이 났지만, DNA 구조 발견에 결정적인 역할을 했던 그녀는 노벨상 수상자 명단에 포함되지 못했다. 가장 큰 이유는 그들에게 노벨상이 수여되기 전인 1958년에 프랭클린이 서른여덟 살이라는 젊은 나이에 암으로 세상을 등졌기 때문이었다. 그러나 만약 그녀가 살아 있었다 하더라도 공동 수상자는 세 명까지만이라는 규정 탓에 그녀에게 노벨상이 돌아갔을 확률은 희박하다.

하지만 그녀는 평생 상이나 명성을 위해 연구하지 않았으며, DNA 구조 발견에 대한 연구를 '경주'라고 생각한 적도 결코 없었다. 그녀에게 있어 연구는 도전이었고, 삶 자체였다. 그녀와 사이가 그다지 좋지 못했던 왓슨마저도 『이중나선』의 후기에서는 그녀의 업적을 기렸을 만큼 그녀의 연구 성과는 뛰어났다. 그녀는 DNA 구조뿐 아니라 석탄의 기공이나 바이러스 구조 연구에서 뛰어난 업적

들을 남겼으며, 자신의 연구 결과에 만족했다. 유일하게
그녀를 서운하게 했던 것은 병으로 인해 자신의 연구를 끝
마칠 수 있는 시간을 잃어버렸다는 것이었다.

1

……이 말을 듣고 로지는 갑자기 실험대를 삥 돌아 나에게로 바싹 다가왔다. 화가 나서 나를 치려고 하는 것이 아닌가 하고 겁을 먹은 나(왓슨)는 폴링의 논문을 움켜쥐고 문 쪽으로 뒷걸음질을 쳤다. 마침 그때 윌킨스가 나를 찾아서 문 안으로 머리를 들이밀었다…… 윌킨스에서 조금 전 상황에서 그가 나타나지 않았다면 로지(로잘린드) 프랭클린에게 얻어맞았을지도 모른다고 말하니, 그도 그랬을 거라고 고개를 끄덕였다. 로지와의 이 일이 있고 나니 나를 대하는 윌킨스의 태도가 전에 없이 부드러워졌다. 우리는 동지요, 전우가 되었다. 그리고 윌킨스는 그의 조수 윌슨을 시켜 로지의 X선 사진 몇 장을 몰래 복사해두었다고 하며, 그 사진을 내게 보여주기까지 했다.

그 사진을 본 순간 나는 입이 딱 벌어지고 심장이 방망이질치기 시작했다. 사진에서 가장 뚜렷한 검은 십자형의 반사무늬는 나선 구조에 기인하는 것으로밖에 생각되지 않았다.

— 『이중나선』, 145~146쪽, 일부 발췌 및 정리

Q 왓슨은 로지와 윌킨스의 불화를 통해 훗날 자신의 업적에 결정적인 기여를 한 X선 회절사진을 무단으로 볼 수 있었다. 그리고 그는 이를 로지에게 알리지 않은 채 자신의 연구에 사용했다. 이런 왓슨의 행위가 과연 옳은 것이었는지에 대해 논하라.

『DNA: 생명의 비밀』

앤드루 베리 · 제임스 왓슨 지음 | 이한음 옮김 | 까치

이 책은 이중나선 발견 50주년을 기념하기 위한 통합 계획
의 일환으로 기획됐으며 책의 출간과 동시에 텔레비전 시
리즈, 멀티미디어 교재, 과학관 관람객을 위한 단편 영화,
웹사이트(DNAi.org)도 나왔다.

저자인 제임스 왓슨은 이중나선을 발견했을 당시 과학계의 다양한 일화를 소개
하는 것뿐 아니라 난해한 유전 지식도 누구나 쉽게 이해할 수 있도록 서술했다.
멘델의 정원에서부터 이중나선을 거쳐 인간 유전체 서열 분석과 그 너머에 이르
기까지, 유전자 혁명의 발전 과정을 최초로 하나하나 우리에게 들려주고 있다.
유전학의 드넓은 경관을 생생하게 펼쳐 보이는 왓슨의 설명은 그레고어 멘델이
처음으로 유전의 기본 법칙을 추론했을 때인 1866년보다 훨씬 이전, 고대인들이
"자식은 왜 어버이를 닮는가?"라는 환상적인 물음을 처음 제기했을 때부터 시작
된다. 하지만 오늘날 우리가 알고 있는 유전학, 즉 생명의 본질 자체를 조작하는
능력으로 우리를 경악하게 만들고 전율을 일으키게 하는 유전학은 1962년에 왓
슨에게 노벨상을 안겨준 DNA의 구조 발견이라는 새로운 돌파구로 압축된 분자
수준의 연구가 이루어지면서 등장했다.

이 책에서 왓슨은 일반 독자들에게 분자 수준에서 벌어지는 일과 새로 등장하는
기술들을 명쾌하게 설명해주고 있다. 그는 DNA가 인류의 기원 그리고 집단과 개
인으로서의 자기 정체성에 관한 우리의 지식을 얼마나 깊이 변화시키고 있는지를
보여준다. 그리고 이중나선 이후 이루어진 모든 발전을 계속 가까이에서 지켜본
사람의 통찰력으로, 그는 유전자 변형 식품에서부터 유전자 변형 아기에 이르기
까지, 유전학이 순수 과학 분야였다가 동시에 거대한 사업 분야로도 변신하고 있
는 모습과, 인간의 조건을 변화시킬 가능성을 어떻게 확장시켰는지를 보여준다.

1994년의 어느 날, 미국의 인기 있는 토크쇼인 〈존 스튜어트 쇼〉에 세 명의 대학생이 영화배우 케빈 베이컨과 함께 출연했다. 평범한 학생이었던 이들은 방송 내내 헐리우드의 모든 배우들이 케빈 베이컨과 6단계 내로 연결됨을 보여주며 사람들의 놀라움을 샀다. 이후 사람들은 어떤 배우가 케빈 베이컨과 몇 단계 내로 연결되는지를 경쟁적으로 찾기 시작했고, 이를 알아보는 웹사이트(http://www.cs.virginia.edu/oracle)까지 등장했다. 이 '케빈 베이컨의 6단계 법칙The six degrees of Kevin Bacon'은 이어서 케빈 베이컨뿐 아니라, 지구상에 살고 있는 어떤 사람들도 단지 6단계만 건너면 아는 사람으로 둘러싸인 '좁은 세상'임을 알려주는 시초가 되었다. 어떻게 60억이 넘는 인류가 단지 6단계만으로 연결될 수 있을까? 그것은 우리가 이 지구상에서 네트워크를 이루며 살기 때문이다. 온 세상을 6단계 내로 이어주는 네트워크가 가진 비밀을 바라바시의『링크』를 통해 살펴보자.

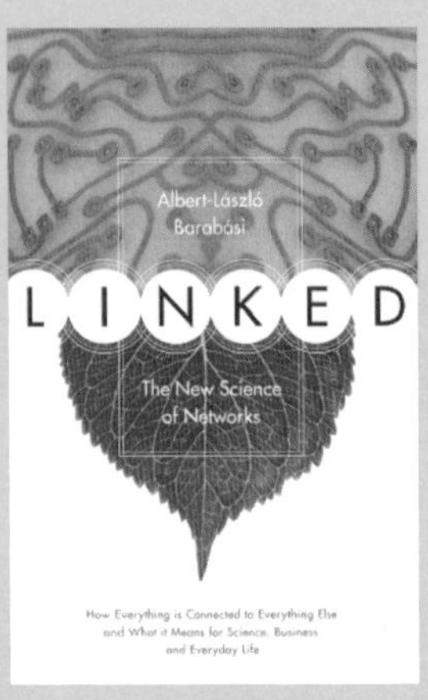

60억 인구가 6단계 만에 모두 연결될 수 있는 비밀은?

알버트 바라바시의 『링크』

알버트-라즐로 바라바시는 누구인가?

알버트-라즐로 바라바시Albert-László Barabási, 1967~는 헝가리 출신 과학자로 21세기 신개념 과학인 복잡계 네트워크 이론의 창시자이자 권위자이다. 물리학과 공학을 전공한 그는 헝가리 부다페스트대에서 석사 학위를 받고, 미국 보스턴대에서 박사 학위를 받으며 카오스 이론(복잡계 이론)에 관심을 가지기 시작했다. 세상 모든 것이 네트워크로 이루어져 있다고 파악한 그의 네트워크 이론은 과학을 넘어 경제학·사회학·인문학·의학·공학 등 다양한 학문에서 폭넓게 환영받아 주목받는 과학자가 되었다. 30대 중반에 이미 노트르담대 물리학과의 테뉴어tenure, 종신교수로 재직 중이며, 척도 없는 네트워크scale-free network 이론으로 죽은 개념에 날개를 단 혁명적 과학자라는 평가를 받고 있다. 홈페이지는 http://www.nd.edu/~alb/다.

네트워크 이론을
이해하기 위한 준비들

•**노드**node 원래 통신망에서 접속 부분을 나타내는 말로, 도표나 그래프에서는 교차점을 의미한다. 네트워크 이론에서 노드란 링크를 이루는 독립된 개체를 뜻한다. 인간사회에서는 개인이, 웹사이트에서는 웹페이지들이 노드로 작용한다.

•**링크**link 원래 웹사이트에서 정보 개체로부터 다른 곳으로 선택적인 연결을 제공하는 부분을 뜻하는 말로 쓰인다. 네트워크 이론에서 링크는 노드 간의 물리적·논리적 연결 등 모든 종류의 연결 혹은 관계를 뜻하는 말이다. 사회에서는 개인들 간의 친분관계가, 웹사이트에서는 사이트 사이의 하이퍼링크를 뜻하는 말이다.

•**클러스터**cluster 원래 원자핵에서 일부 핵자들이 결합하여 1개의 입자처럼 행동하는 부분을 뜻한다. 네트워크 이론에서는 각 노드들이 링크를 이루어 만들어진 하나의 덩어리를 뜻한다. 인간사회 전체, 혹은 링크된 웹페이지 전체가 클러스터로 불릴

수 있다.

• **허브**hub LAN의 중심에 위치하는 전송 중계 장치를 말하는데, 네트워크 이론에서는 많은 링크가 몰려 전체 네트워크의 중심을 이루는 주요 노드를 뜻한다. 인간사회에서는 사교적인 인물이, 웹페이지에서는 수없이 많은 링크가 걸리는 주요 검색 엔진이나 포털 등의 웹사이트가 허브로 작용한다.

환원주의 과학을 무너뜨리다

이 책은 네트워크 과학에 대한 이야기이다. 사람들은 흔히 네트워크 과학이 근대과학의 핵심 철학이었던 환원주의를 무너뜨리는 데 지대한 공헌을 했다고 말한다. 먼저 환원주의가 무엇인지 설명하고, 네트워크 과학이 환원주의에 어떻게 반하는지 알아보자.

환원주의란 복잡하고 추상적인 사건이나 개념을 이를 구성하는 가장 기본적인 법칙으로 설명하려는 시도다. 즉, 계층성을 가지고 모인 복잡한 존재에서, 전체에서 사용되는 기본 개념과 법칙이 그 아래 단계에서 성립하는 기본 개념과 법칙에 의해 번역·치환되는 것이 가능하다는 입장이며, 이 과정을 계속 반복하면 가장 기본적인 개념과 법칙에 도달할 수 있다는 것이다. 환원주의Reductionism란 '줄인다' 는 의미의 단어에서 파생됐다. 아무리 복잡한 것이라도 그것을 잘게 분해하면 단순한 것이 되고, 단순한 것들을 파악하면 그 원리가 전체에도 통용되기 때문에 복잡한 전체를 이해할 수 있다는 얘기다. 이해하기 쉽게 예를 들어보자.

여기 각설탕과 별사탕이 있다고 하자. 각설탕의 모양은 단순하고 별사탕은 복잡하다. 따라서 두 물체의 부피를 구할 때 각설탕은 가로×세로×높이만을 곱하면 되지만, 별사탕은 이렇게 구할 수 없다. 이 경우 별사탕을 아주 작게 잘라보자. 거듭해서 자르다보면 별사탕은 어느 순간 똑같은 모양을 가진 무수히 많은 작은 조각들로 나뉠 것이고, 이 조각들은 부피를 계산하기 쉬운 육면체의 모양을 가질 것이다. 이렇게 되면 작은 육면체의 부피를 구한 뒤, 조각들의 숫자만 곱해 별사탕의 부피 역시 무리 없이 구할 수 있다. 환원주의는 이처럼 복잡한 전체를 작은 부분들로 나누어 파악하는 방법인데, 한마디로 '전체는 부분의 합이다'라는 말로 요약될 수 있다.

환원주의는 상위 계층에 통용되는 법칙이 하위 계층에 통용되는 법칙과 동일하다는 전제를 깔고 있고, 가장 기본적인 것만 알면 전체를 알 수 있다는 뜻을 담고 있기 때문에 결정론적 인과론을 떠받치는 주요 철학이 된다. 근대과학이 원인과 결과 사이의 인과론을 중시하는 학문이라는 점을 고려할 때, 환원주의는 근대과학의 연구 방향을 나타내는 핵심적인 철학이라 할 수 있다. 그러나 네트워크 과학에서는 복잡한 네트워크들의 연결로 인해 결과를 나타내는 원인이 분명하지 않은 경우가 종종 나타난다. 네트워크에서는 각 노드에 걸리는 링크의 부하가 다르기 때문에 때로는 작은 충격이 심각한 결과를 초래할 수도 있고[1], 엄청난 충격마저도 거의 아무 일 없다는 듯이 사라질 수 있어 환원주의의 인과성을 벗어나는 모습을 보이곤 한다.

네트워크는 **진화**한다!

우리가 살아가는 세계는 모두 상호 연결된 네트워크로 구성되어 있다. 그런데 이 네트워크는 어떻게 형성되는가라는 질문에 대해서 그동안 속시원하게 대답해주는 이가 아무도 없었다. 복잡한 네트워크의 형성에 대해 최초로 해답을 제시한 이들은 바로 폴 에르되스Paul Erdös[2]와 알프레드 레니Alfréd Réney라는 두 명의 헝가리 수학자였다. 이들은 무작위 네트워크 이론random network theory을 제시했던 것이다.

모든 사람은 무작위로 연결된다

이 이론을 이해하기 위해 하나의 예를 들어보자. 서로 아는 사람이 전혀 없는 손님 100명이 참여한 파티를 상상해보자. 이 파티를 연 주인은 파티장 중앙에 놓인 와인이 구하기 힘든 최고급 와인이라는 정보를 두세 명에게만 귀띔해주었다. 주인은 초

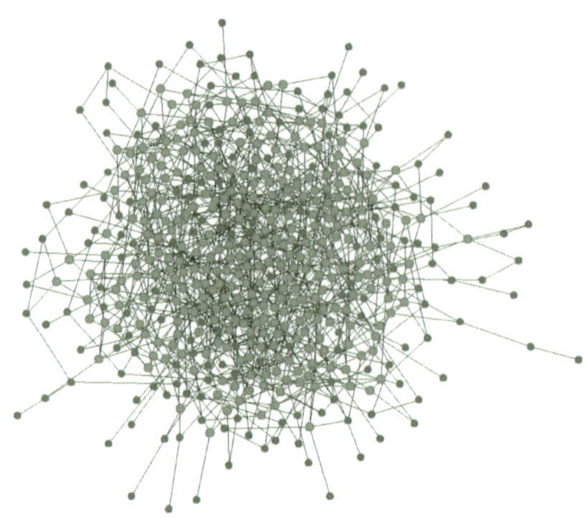

헝가리의 수학자 에르되시는 세상은 네트워크로 이루어져 있지만, 그 연결 방식은 무작위적인 것이라고 보았다.

대된 손님들끼리는 전혀 모르는 사이이므로, 파티가 끝나기 전까지 자신이 얘기해준 정보가 기껏해야 여남은 명에게만 전해질 것으로 예상했다. 그러나 결과는? 파티가 끝날 때쯤이 되자 최고급 포도주에 대한 정보는 100명의 손님 대부분에게 알려졌고, 귀한 와인은 한 방울도 남지 않았다. 도대체 어떻게 된 일일까?

에르되스-레니 이론에 따르면 사람들은 전혀 모르는 사람들끼리 섞어두더라도 곧 두세 명의 소규모 단위로 그룹을 만들어 이야기를 시작한다. 처음에는 각각의 그룹이 서로 떨어져 있지만, 시간이 가면서 사람들은 새로운 이들과 이야기를 나누려 하기 때문에 최초의 소규모 그룹들은 해체되고 다른 소그룹들이 생겨나 전체적으로 하나의 클러스터가 형성된다. 이렇게 되면 모든 사람이 다른 사람을 직접 알게 되는 것은 아니지만, 간접적으로 연결되는 단일한 사회적 네트워크가 등장한다. 이런 만남이 서너 차례만 반복되더라도 그룹 내 모든 사람을 연결하는 경로를 형성할 수 있게 된다[3].

에르되스-레니는 세상이 근본적으로 무작위로 이루어진다고 보았다. 파티에 참여한 사람들은 처음에는 모두 독립된 하나의 노드이다. 처음에 이들 사이의 연결, 즉 링크는 무작위로 이뤄진다. 초기에는 적은 수의 링크만이 존재하므로 몇몇 노드만이 하나의 쌍을 이루게 된다. 하지만 계속해서 링크들을 추가해 가다보면 언젠가부터 이 쌍들 간을 연결함으로써 여러 개의 노드로 이루어진 클러스터가 형성된다. 링크들이 충분히 연결되면 모든 노드는 하나의 커다란 클러스터에 속하게 되고, 어떤

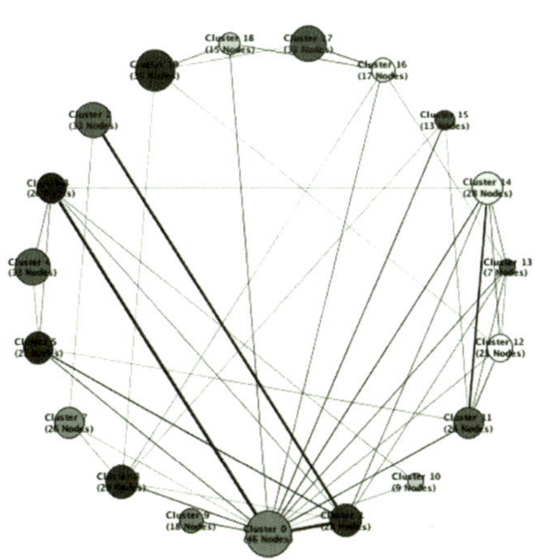

모든 노드는 링크로 연결되면 결국 하나의 커다란 클러스터 속에 속하게 된다.

노드로부터 출발하더라도 링크들을 따라가다보면 원하는 노드에 속하는 순간이 오게 된다. 즉, 우리가 네트워크 내에서 무작위로 한 쌍의 노드를 선택해서 그것에 링크를 부여해나가면, 일정 수의 링크가 부여된 이후에는 네트워크가 급격하게 변한다는 것이다. 이전에는 소규모의 서로 단절되어 있던 노드 혹은 작은 클러스터들이었지만 곧 전체가 포함되는 거대한 단일의 클러스터가 생겨나기 때문이다. 그리고 이것은 노드당 오직 하나의 링크만이 존재하더라도 가능한 일이다.

에르되스-레니는 이런 네트워크 형성 시 노드에 얼마만큼의 링크가 부여되는지는 무작위로 결정된다고 여겼다. 이는 칵테일파티를 떠나는 사람들에게 평균적으로 몇 명의 사람을 새로 사귀었는지 질문하면 분명히 드러난다. 아주 사교적이거나 폐쇄적인 일부의 사람을 제외하고 대부분의 사람들은 비슷한 숫자의 사람을 새로 사귀었다고 대답하기 때문이다. 즉, 대다수의 노드가 비슷한 개수의 링크를 갖고 있다는 것을 보여주는데, 이는 네트워크상 링크가 특정 부분에 편중됨이 없이 무작위로 분포되는 성질을 가지고 있기 때문이라는 것이다. 에르되스-레니 이론에서 생각하는 세계는 평균에 의해 지배되는 곳이다. 자연 상태에서 링크는 무작위로 일어나기 때문에 장기적으로 보면 어떤 노드도 특별대우를 받거나 소외되지 않게 된다.

6단계로 이어지는 세상

에르되스-레니 이론은 복잡해 보이는 네트워크가 지닌 규칙성(모든 노드가 링크를 가질 확률은 동일하다)을 처음으로 제시해 주었다. 그러나 실제 현실에서 네트워크는 무작위로 형성되지 않는다는 것을 깨닫는 데는 오랜 세월이 걸리지 않았다. 그에 대한 문제제기는 하버드대 교수였던 스탠리 밀그램Stanley Milgram에 의해 처음 이뤄졌다. 밀그램의 실험을 통해 세상 사람들은

"6단계만 거치면 세상의 모든 사람을 알 수 있다." 그것은 바로 클러스터와 클러스터가 이어지기 때문에 가능한 일이다.

생각보다 짧은 단계, 즉 6단계만 거치면 모두 연결된다는 '6단계 분리six degrees of separation'가 등장한다.

6단계 분리 현상이 일어나는 것은 세상이 에르되스-레니가 생각했던 것처럼 완벽히 무작위적이지 않기 때문이다. 현실 세상에서 클러스터는 전체가 모두 연결되어야만 이루어지는 것이 아니다. 두 개의 클러스터 사이에 단 한 개의 링크만 존재해도 두 개의 클러스터는 하나로 이어진다. 예를 들어 나의 고등학교 동창과 대학 동창들은 전혀 겹치지 않는 두 개의 클러스터일지라도, 그 사이에 '나'라는 링크가 존재함으로써 두 그룹은 하나로 이어지고, 각 그룹 내부에서만 알고 있던 정보가 쉽게 다른 그룹으로 넘어갈 수 있게 된다. 클러스터와 클러스터를 잇는 이 단 한 개의 링크가 바로 세상 모든 이들을 여섯 단계로 이어질 수 있게 하는 요소가 된다. 각 노드는 노드들끼리 연결되는 것이 아니라, 그 노드가 속한 클러스터에서 외부 클러스터와 연결되는 링크를 통해 클러스터끼리 연결되기 때문에 연결 단계를 축소시킬 수 있다.

핵심은 커넥터들이다

그렇다면 클러스터와 클러스터는 어떻게 연결되는가? 이에 대한 답은 말콤 그래드웰Malcolm Gradwell이 제시했다. 그래드웰은 설문 대상자들에게 전화번호부에서 뽑은 248개의 성姓, last name

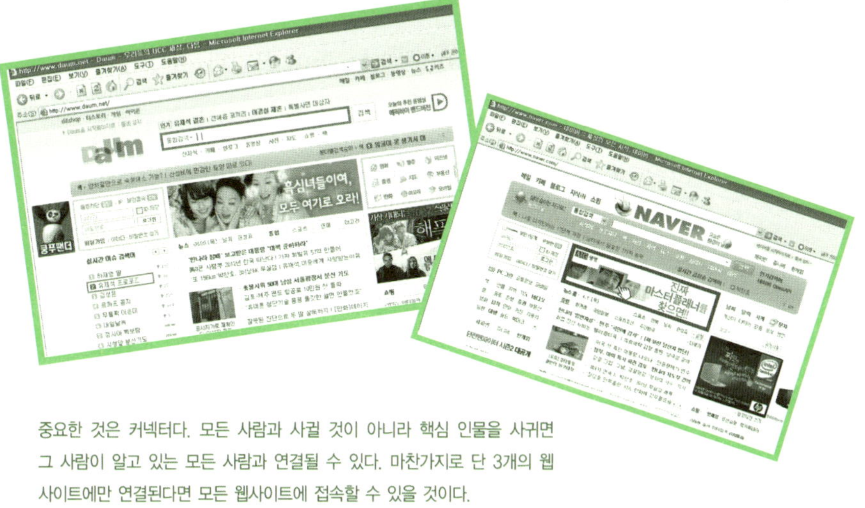

중요한 것은 커넥터다. 모든 사람과 사귈 것이 아니라 핵심 인물을 사귀면
그 사람이 알고 있는 모든 사람과 연결될 수 있다. 마찬가지로 단 3개의 웹
사이트에만 연결된다면 모든 웹사이트에 접속할 수 있을 것이다.

목록을 주고 그 안에 자기 친구들의 성이 얼마나 포함되어 있는
가를 물었다. 만약 그 성씨 중에 내 친구 한 명의 성이 포함되어
있다면 그 사람의 점수는 1점이 된다. 그 결과 설문 대상자들은
대개 비슷한 숫자의 사람들을 알고 있다고 대답했는데, 그래드
웰이 주목한 것은 평균 점수가 아니라 그 점수 분포의 다양성이
었다. 어떤 그룹의 사람들을 대상으로 하든 설문 결과 점수 분
포는 평균값에 몰려 있었지만, 그 폭은 매우 다양하게 나타났
다. 어떤 경우 최저는 2점이고, 최고는 118점까지 나타났다. 그
는 최고점을 받은 사람들에게 주목했다. 모든 계층을 막론하고
아는 사람을 만드는 데 극히 예외적인 솜씨를 가지는 소수의 사
람이 있는데, 이들이 바로 전체를 연결하는 커넥터connector로 작

동한다. 내가 속하는 집단의 사람들에 대해 많은 정보를 얻기 위해서는, 모든 사람과 안면을 트는 것이 아니라 이들과 연결점을 가지는 커넥터와 인사를 나누는 것만으로도 족하다.

이런 커넥터의 존재는 웹상에서 뚜렷이 드러난다. 저자는 총 2억 300만 개의 웹문서의 링크를 연구한 결과, 그중 90퍼센트에 해당하는 페이지는 단 10개 이하의 링크만을 가지고 있는 반면, 극소수인 3개의 페이지는 100만 이상의 링크를 가지고 있었다(다음, 야후, 네이버 같은 포털 사이트와 검색 엔진이 여기 포함된다. 이 3개의 홈페이지는 허브로 작용하여 전체 웹문서를 하나로 연결하는 지배적인 구조로 작용한다). 이런 커넥터나 허브의 존재는 무작위적 네트워크사회에 가장 강력한 반론으로 작용한다.

파레토의 20 : 80 법칙과 멱함수 법칙

에르되스-레니의 영향으로 수십 년 동안 이어져온 무작위 네트워크 이론은 와츠-스트로가츠, 그래드웰 등에 의해 반박을 받았다. 네트워크 구조에서 허브의 중요성이 여실히 드러나자, 허브는 어떻게 만들어지는지, 주어진 네트워크 속에서 얼마나 많은 허브가 생겨날지를 파악하는 것이 다음 과제가 되었다.

이에 대해 답을 낸 사람 중 하나는 수학자가 아니라 이탈리아의 경제학자 파레토Pareto였다. 파레토는 우리가 살아가는 세상 자체가 네트워크임을 간파했고, 따라서 사람들 사이에 나타

나는 경제학 법칙과 네트워크 이론이 다를 바 없다는 것을 제시
했다. 그것이 바로 '20 : 80의 법칙'이다. 즉 전체의 80퍼센트는
20퍼센트에서 나온다는 것으로, 전체 소득의 80퍼센트는 상위
20퍼센트에게 돌아가며, 회사 전체 생산량의 80퍼센트는 20퍼
센트의 직원들에게서 산출된다는 것이었다. 이렇게 소수에게
다수의 결과가 몰리는 현상은 그 뒤에 멱함수Power Function가 숨
어 있기 때문이다.

　멱함수의 멱冪은 거듭제곱을 나타내는 말로, x의 값이 두 배
로 커질 때, 그 일이 일어날 확률은 $\left(\dfrac{1}{2}\right)^n$으로 줄어드는 형태의
함수를 말한다. 다시 말해 멱함수란 어떤 일의 파장이 클수록
드물게 일어나며 파장이 작을수록 쉽게 일어난다는 뜻을 담은
함수다. 보통 일상생활에서 측정되는 대부분의 양量들은 무작위
네트워크를 특징짓는 종형 곡선bell curve을 따른다. 종형 곡선에
서는 가운데 부분에서 정점을 이루고 양 끝 부위는 급격하게 하

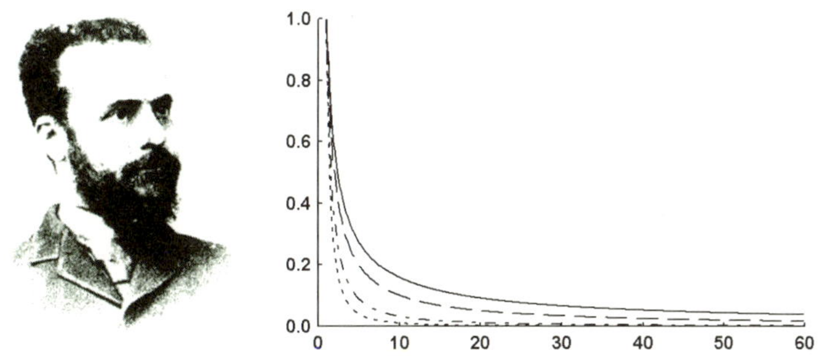

허브의 중요성을 밝힌 파레토. 세상은 20 : 80으로 이루어진다.

락하여 0에 가까운 커브를 그리게 된다. 예를 들어 성인 남성의 키를 측정해 그래프를 그린다면 170센티미터 지점을 중심으로 집중적인 분포를 보이고 양 끝으로 갈수록 숫자가 적어질 것이며, 1미터 이하거나 2미터 이상인 사람은 극히 드물게 나타날 것이고, 50센티미터 이하나 3미터 이상은 하나도 측정되지 않을 것이다. 이를 그래프로 그린다면 170센티미터 부위가 집중적으로 높고 양 끝은 0에 도달하는 종형 곡선이 그려질 것이다.

그러나 멱함수의 그래프는 지수함수적 그래프의 특징을 보인다. 즉, 그래프에 정점peak이 없으며 감소 속도가 완만하다. 따라서 멱함수 그래프에서는 다수의 작은 사건들이 소수의 커다란 사건들과 공존한다. 이를 네트워크에 적용시키면 허브의 존재를 설명할 수 있다. 멱함수 법칙에 의해 링크를 적게 가지는 수많은 노드와 엄청난 링크를 가지는 허브가 드물지만 공존 가능하기 때문이다. 멱함수 법칙은 사회에서 일어나는 다양한 현상들에게서도 적용되는데, 그 결과가 바로 20：80의 법칙이다. 80퍼센트에 이르는 다수의 노드들은 소수의 링크만을 가지지만, 20퍼센트에 이르는 허브들이 전체의 80퍼센트를 장악하는 링크를 형성하기 때문이다.

네트워크가 무작위로 이루어지는 것이 아니라 멱함수 법칙에 따라 이루어진다는 사실은, 복잡한 네트워크의 배후에는 법칙이 있다는 것을 처음으로 주장할 수 있게 해주는 것이었다.

바라바시가 바라본 네트워크 세상

에르되스-레니의 무작위 모델은 매우 단순하지만 간과하기 쉬운 두 개의 가정에 입각해 있다. 하나는 네트워크는 노드들의 집합에서 시작된다는 것(모든 노드는 처음부터 주어져 있으며, 노드의 개수는 고정되어 있고 불변한다)이고, 다른 하나는 모든 노드는 똑같기 때문에 우리는 그것을 무작위로 링크한다는 것이다. 네트워크 연구에서 이러한 가정은 40여 년 동안이나 아무도 문제 삼지 않았지만, 바라바시는 허브와 멱함수의 법칙이 네트워크를 이루는 주요한 축이 된다면 이 두 개의 가정을 버려야 한다고 말한다.

먼저 네트워크는 정적이지 않다. 현실 네트워크의 다양성에도 불구하고 그들은 모두 한 가지 본질적인 특징을 지니고 있다. 그것은 네트워크들이 성장한다는 사실이다. 대표적인 네트워크 세상인 웹을 생각해보자. 웹은 매순간 성장하고 있다. 웹이 처음 만들어질 때는 단 한 개의 문서뿐이었다. 팀 베르너스-리Tim Berners-Lee의 웹페이지가 그것이다. 이후 사람들이 각자 자신의 페이지를 만들기 시작하면서 기존 문서와 링크를 이루어 웹을 만들었던 것이다. 즉, 네트워크 연구에는 반드시 '성장growth' 개념을 도입해야 한다.

두번째 개념인 링크의 무작위성 역시 현실 네트워크에서는 통용되지 않는다. 웹상에서 어떤 웹사이트를 링크할 것인지 우리는 어떻게 결정하는가? 우리는 이때 선호적 연결preferential attachment 방식을 따른다. 두 개의 웹페이지가 있는데 그중 하나가 다른 것에 비해 두 배 많은 링크를 가지고 있다면, 더 많은 링크를 가지고 있는 페이지에 링크를 걸 확률이 높다는 것이다. 이는 배우를 예로 들어 설명하면 쉽다. 어떤 배우가 영화사로부터 캐스팅 의뢰를 받을 확률이 높은지는 그 배우가 얼마나 인기가 많은지에 달려 있다. 인기가 많은 배우일수록 더 많은 캐스팅 의뢰를 받을 것이고, 인기 없는 배우일수록 그런 기회가 적을 것이다.

이를 모아보면 현실의 네트워크는 성장과 선호적 연결이라는 두 개의 법칙을 따른다. 이것이 바라바시가 착안한 네트워크의 척도 없는 모델이다. 척도 없는 모델로 네트워크를 설명하면 반드시 나타나는 현상이 부익부富益富, rich-get-richer 현상이다. 어떤 노드가 링크를 많이 가지면 가질수록 더 많은 링크를 얻을 확률이 높아지고, 이 노드는 네트워크상의 허브로 자리잡을 가능성이 높아진다. 또한 네트워크상의 노드와 링크는 새로 추가될 수 있음과 동시에, 기존의 것들이 없어질 수도 있다. 수많은 웹페이지들이 새로 생겨나는 웹상에서도 기존에 즐겨찾기에 넣어둔 사이트가 사라지는 것은 비일비재한 일이다. 이처럼 네트워크는 단순히 성장만 하는 것이 아니라, 추가와 삭제 사이에서 진화evolution하는 존재이다.

왜 **네트워크 과학**인가?

"연결 시스템은 고립된 실체보다 견고하다"

네트워크 과학은 최근에야 각광받기 시작했다. 우리는 왜 네트워크 과학에 집중하는가? 네트워크 분야 연구를 통해 우리가 얻을 수 있는 통찰력은 무엇인가? 이를 네트워크 과학을 다룬 또다른 책, 『작은 세상Small World』을 통해 살펴보자.

첫째, 네트워크 과학이 우리에게 알려준 것은 우리가 지금껏 생각해왔던 '거리'에 오해의 소지가 많다는 것이었다. 세상 모든 사람이 단 6단계만 건너면 연결된다는 사실은 세계 저편에서 일어난 사건이 나랑 전혀 무관한 사건이 아니라는 사실을 시사한다. 예를 들어 1997년 태국의 바트화와 미국의 달러화 사이에 있었던 경제 분리 현상은 태국의 부동산 위기를 초래했고, 이는 은행의 파산으로 이어졌다. 태국에서 시작된 금융 압박은 다른 아시아의 신흥 공업국들로 퍼져나갔고, 이 지역의 경제는 하락 국면에 들어서기 시

지난 1997년 태국 바트화 위기는 결국 한국의 IMF 사태로까지 이어졌다. 태국 은행의 파산은 한국과 상관없어 보이지만, 결국 이를 계기로 한국의 노동자들은 비정규직으로 내몰리고 말았다.

작했다. 1997년이라면 우리나라가 IMF 체제를 겪었던 시기로, 이것 역시 일련의 사건들과 무관하지 않아 보인다.

6단계로 연결되는 세상은 좁다. 따라서 뭔가가 멀리 있는 것처럼 보인다고 해서, 우리 문화권이 아닌 다른 문화권에서 일어났다고 해서, 혹은 우리와는 상관없는 일이 아닐 가능성이 크다. 미국의 소가 병에 걸려 쓰러진 것이 우리나라에서 촛불 시위를 불러일으키고 있는 것처럼 말이다. 우리는 저마다 각자의 생활이라는 짐을 지고 있지만, 좋든 싫든 서로의 짐도 함께 짊어지고 나가야 한다.

둘째, 네트워크 내에서는 원인과 결과가 복잡한 방식으로 연결되며 거기서 오해가 일어나는 경우도 많다. 때로는 작은 충격이 심각한 결과를 불러일으킬 수도 있고, 때로는 엄청난 충격도 별다른 변화 없이 사라질 수 있다. 모든 연결된 시스템은 고립된 실체들에 비해 훨씬 취약한 동시에 또한 훨씬 견고하다. 어떤 두 사람이 연결 되어 있다면, 한쪽에서 일어나는 일이 다른 쪽에 영향을 미칠 것이 다. 그 일이 해로운 일일 경우 한쪽만 입을 피해를 둘 다 입는다고 생각할 수도 있지만, 반대로 둘은 함께이기 때문에 혼자라면 견뎌 내기 힘든 일을 쉽게 견뎌낼 수 있을지도 모른다. 결과는 둘 사이의 링크가 얼마나 강한지, 그들이 타인과 맺고 있는 네트워크의 범위 가 어떤지에 따라 얼마든지 달라질 수 있다.

미국의 도축장에서 철저하게 이뤄지지 않은 검역 시스템은 한국 쇠고기 수입과 관련하여 한국 내에 엄청난 저항을 불러 일으켰고, 결국 이것은 정권에 대한 대대적인 비판으로까지 이어져 그 파장은 엄청났다.

따라서 네트워크 속에서 일어나는 현상을 제대로 이해하기 위해서는 연결된 시스템에 정확히 어떤 식으로 연결되었는지를 밝혀야 하는데, 이는 결코 쉬운 일이 아니다. 하지만 네트워크 시스템의 운용 과정을 이해한다면, 역시 네트워크로 이루어진 이 세계가 어떻게 움직이는지를 이해하는 데 큰 도움이 될 것이다.

카오스 이론과 나비효과

네트워크 과학은 앞서 말했듯이 환원주의의 인과론적 결정론을 반박한다. 20세기 들어 결정론에 대한 반대 이론이 여럿 등장했는데, 네트워크 과학과 카오스 이론이 대표적이다.

먼저 카오스 이론chaos theory이란 혼돈混沌, 즉 카오스처럼 원리적으로는 확정되어 있으나 장래 예측이 불가능한 현상을 말한다. 카오스 이론의 연구 목적은 무질서하고 예측이 불가능한 복잡한 현상 속에 숨어 있는 질서를 찾아내는 것이다. 근대과학은 어떤 하나의 법칙에서 하나의 결과를 이끌어내는 데 초점을 맞춘 데 반해, 카오스 이론에서는 몇 가지의 법칙이나 효과가 함께 작용하여 복잡하게 얽혀 있는 상태를 다룬다. 현실 세상은 다양한 법칙과 현상들이 뒤얽혀 있기 때문에 하나의 법칙만으로는 그 결과를 예측하기 힘들다. 따라서 이런 복잡한 세상에서 어떠한 질서를 찾아내고자 하는 것이 바로 카오스 이론이 추구하는 바이다.

카오스 이론에서 복잡한 세계 현상을 설명하는 법칙으로는 '나비효과Butterfly Effect'가 있다. 나비효과는 1963년 MIT대학의 에드워드 로렌츠Edward Lorenz에 의해 제시되었는데, 기상학자였던 그는 변화무쌍하게 바뀌는 기상 현상을 설명하기 위해 기온·기압·풍속 등의 기상 데이터를 넣어 방정식을 만들고 컴퓨터 시뮬레이션을 해보았다. 그 결과 초기 조건에서 '나비의 날갯짓처럼' 무시해도 될 것이라고 여겼던 작은 수치의 차이가 엄청난 결과의 차이를 초래한다는 사실을 알게 되었다. 이로 인해 초기 조건에서는 아주 작은 변수라 하더라도 엄청난 변화를 가져오는 원인이 됨을 알 수 있었고, 여기에 '나비효과'라는 이름을 붙였다.

즉 지구 한쪽에서 일어나는 작은 자연현상이 전혀 관계없어 보이는 먼 곳의 커다란 현상으로 이어진다. 이것이 바로 카오스 이론의 바탕이 된 이론으로 '초기 조건의 민감한 의존성'을 설명하기 위해 만들어진 것이다. 현실사회처럼 복잡하고 역동적인 시스템 속에서는 초기 조건의 작은 변화가 증폭되어 장기적으로는 시스템 전체를 뒤흔드는 커다란 변화를 일으킬 수 있다.

1

2005년의 어느 날, 한 웹사이트에 한 장의 사진이 올라왔다. 사진의 주인공은 애완견과 함께 지하철을 탄 젊은 여성이었다. 데리고 탔던 애완견이 지하철에 실례를 했음에도 불구하고 이를 치우지 않고 그냥 내려버린 이 여성의 사진은 이후 '개똥녀' 라는 이름이 붙은 채 웹사이트를 떠들썩하게 만든 주인공이 되었다. 우연히 그녀의 사진을 찍은 한 승객이 그 사진을 웹사이트에 올린 것을 계기로 이 사진이 순식간에 웹 전체로 퍼져 나가며 그녀는 단숨에 전 국민의 지탄을 받는 '마녀' 가 된 것이다.

사실 애완견이 실례를 했을 때 이를 못 본 척하고 지나치는 비양심적인 주인들은 많다. 하지만 그 수많은 사람 중에서 유독 '개똥녀' 만이 지탄을 받았던 이유는 무엇인가? 이를 웹이 가진 네트워크의 속성을 통해 설명하여라.

2

2008년 1월 11일, 기상청의 홈페이지에는 빗나간 일기예보를 탓하는 시민들의 불평 민원이 한꺼번에 쏟아졌다. 전날 일기예보에서는 11일 오후 늦게부터 중부지방에 눈이나 비가 내릴 것이라고 예측한 탓에 출근길은 걱정하지 않고 잠자리에 들었던 시민들은 아침부터 온 세상을 덮은 폭설에 깜짝 놀라고 말았다. 부랴부랴 출근을 서둘렀지만, 계속해서 내리는 눈으로 인해 교통 상황은 악화되었고 이로 인해 대규모 지각 사태가 벌어진 것이다. 또한 이날은 서울 대다수의 대학에서 대입 논술시험을 치루는 날이었기에 빗나간 일기예보로 시험 입실 시간을 놓쳐버린 수험생들의 분노까지 겹쳐 기상청 홈페이지는 그 어느 때보다도 시끄러웠다. 이에 기상청 관계자는 '예측이 엇나간 것은 사실이나 현실적으로는 일기예보의 정확성은 담보할 수 없는 상태'라는 해명을 내놓았다.

기상청은 일기를 좀더 정확하게 예보하기 위해 슈퍼컴퓨터까지 설치하고 기상 상황을 모니터링하고 있지만, 일기예보는 빗나가는 경우가 종종 있다. 이는 대기 상태는 카오스적이며, 이로 인해 나비효과가 적용되어 결과값 예측이 어렵기 때문이다. 그렇다면 과연 이런 이유로 인해 빗나간 일기예보를 하는 기상청에게 면죄부를 줄 수 있는지에 대해 각자의 의견을 논하라.

『숨겨진 질서: 복잡계는 어떻게 진화하는가』

존 홀런드 지음 | 김희봉 옮김 | 사이언스북스

이 책은 저자가 '단순화한 복잡성Complexity Made Simple' 이라는 주제로 한 강연을 체계적으로 정리하여 다시 엮은 최신 복잡계 이론 입문서다. 즉, 복잡한 세상 속에 숨겨진 보편적인 질서에 관한 최신 이론을 간략하게 설명했다. 저자는 일리야 프리고진 이후 복잡계 이론을 다시 쓴 학자로서, '적응성 지능' 의 바탕이 되는 유전 알고리듬genetic algorithm의 아버지이자 복잡적응계 Complex Adaptive System(CAS) 이론의 최고권위자로 통한다.

'복잡적응계' 란 한마디로 '적응성 행위자가 이루는 집합체들의 계' 를 말한다. 좀더 쉽게 말해서 '적응성 행위자' 를 조직에 적응하는 사원社員이라고 한다면 '집합체' 는 기업에 해당하고 '계' 는 경제계 전체라고 할 수 있다.

변화무쌍한 대도시가 안정된 상태를 유지할 수 있는 원리는 무엇일까? 이 질문에 대한 해답을 찾아가는 이 책은 1장에서 복잡성complexity과 복잡적응계 자체에 대해 소개하고, 복잡적응계를 이루는 일곱 가지 기본 요소인 집단화, 꼬리표 달기, 비선형성, 흐름, 다양성, 내부 모형, 구성 단위에 대해 설명한다. 2장은 복잡적응계를 이루는 개체인 적응성 행위자에 대해 설명하고, 개체가 스스로를 개선해나가는 방식(진화)을 설명한다.

3장은 이 개체들이 이루는 전체가 어떤 행동 패턴을 보이는지 추적할 수 있는 모형인 '에코Echo' 의 설정 방법에 대해 설명한다. 4장은 이 모형을 실제로 컴퓨터 속에서 구현하기 위한 지침을 보여준다. 마지막으로 5장에서는 이 모형들을 실제로 구현할 때 더 고려해야 할 것들과 앞으로의 발전 방향에 대해 언급한다.

1 작은 원인이 예상치 못한 커다란 결과를 가져오는 현상을 가리키는 것으로는 '나비효과' 를 들 수 있다. 이는 작은 나비의 날갯짓이 바다를 건너면 커다란 허리케인으로 바뀔 수도 있다는 데서 유래한 말로, 복잡한 네트워크로 이루어진 세상에서는 때로 약간의 변화마저도 네트워크를 타고 이동하면서 증폭되어 커다란 결과를 가져올 수 있음을 의미한다.

2 폴 에르되스Paul Erdös, 1913~1996, 헝가리의 수학자로 정수론과 조합론 분야를 개척해 20세기의 가장 위대한 수학자로 꼽힌다. 에르되스는 끊임없이 여행하면서 수많은 수학자와 함께 다양한 문제를 공동으로 연구했기 때문에 '방랑하는 학자' 라는 평판을 얻었다. 평생 동안 500명이 넘는 학자들과 함께 1500편이 넘는 수학 논문을 발표했을 정도로 많은 업적을 남겼다.

3 예를 들어 처음에는 영희와 철수, 갑돌이와 갑순이, 둘리와 길동이가 각각의 그룹을 만들었는데, 잠시 후 이들이 헤어지고 다시 영희-갑돌, 둘리-철수, 갑순-길동으로 그룹을 이루게 되면 여섯 명의 사람은 각자 두 사람씩을 만난 것뿐이지만, 이들 여섯 명은 서로를 간접적으로 알게 된다. 주인이 영희에게만 와인에 대한 정보를 알려주었다고 하더라도 그 정보는 철수, 갑돌, 둘리에게 알려졌을 테고, 이들과 안면을 튼 적이 있는 갑순과 길동이에게도 그 정보는 순식간에 전해질 것이다.

참고문헌

•• 리처드 도킨스의 『눈먼 시계공』
박희주, 「미국 진화론 논쟁의 최근 쟁점: 지적설계론」, BioWave 제7권 15호, 2005
찰스 다윈, 『종의 기원』(1859)

•• 린 마굴리스의 『섹스란 무엇인가』
리처드 도킨스, 『눈먼 시계공』, 이용철 옮김, 사이언스북스, 2004
린 마굴리스, 『생명이란 무엇인가』, 황현숙 옮김, 지호, 1999
비투스 드뢰셔, 『휴머니즘의 동물학』, 이영희 옮김, 이마고, 2003
제프리 밀러, 『메이팅 마인드』, 김명주 옮김, 소소, 2004

•• 도로시 넬킨 외의 『인체시장』
Dorothy Nelkin, *Selling Science*, W.H. Freeman & Company, 1995
마이클 리프 · 미첼 콜드웰 『세상을 바꾼 법정』, 금태섭 옮김, 궁리, 2006
〈가타카GATTACA〉, 앤드류 니콜 감독, 1997

•• 칼 세이건의 『에덴의 용』
제이콥 브로노우스키, 『인간 등정의 발자취』, 김은국 · 김현숙 옮김, 바다출판사, 1988

•• 하이젠베르크의 『부분과 전체』
조경철, 「불확정성의 원리와 양자역학」, 과학동아, 1989년 2월호
지동표, 「양자 정보, 양자계산에 대하여」, 과학사상 제32호, 2000

•• 에드워드 윌슨의 『통섭』
최재천 · 주일우 편, 『지식의 통섭』, 이음, 2007
존 브록만 편, 『과학의 최전선에서 인문학을 만나다』, 안인희 옮김, 소소, 2006
웬델 베리, 『삶은 기적이다』, 박경미 옮김, 녹색평론, 2006

•• 제임스 왓슨의 『이중나선』

브랜다 매독스, 『로잘린드 프랭클린과 DNA』, 나도선 · 진우기 옮김, 양문, 2004

　: 세계적인 전기 작가 브랜다 매독스가 'DNA의 다크 레이디'라고 불렸던 로잘린드 프랭클린의 일생을 보여준다. 과학자로서 천재적인 자질과 열정을 가지고 짧지만 알찬 삶을 살았던 프랭클린의 일생을 통해 그녀를 독자들의 뇌리에 영원히 기억시키고자 한다.

제임스 왓슨 · 앤드루 베리, 『DNA:생명의 비밀』, 이한음 옮김, 까치, 2003

　: DNA 구조 발견 당사자인 제임스 왓슨의 또다른 책으로, 유전자 연구의 역사를 담고 있다. 왓슨은 유전자 분리, DNA 증식, 유전자 지도, DNA 복제와 단백질 합성에 이르는 프로세스 연구에서 인간게놈 프로젝트까지 이어지는 일련의 연구자들을 소개하고, 유전공학을 흥미롭게 알려준다.

•• 알버트 라즐로 바라바시의 『링크』

던컨 와츠, 『Small World』, 강수정 옮김, 세종연구원, 2004

　: 네트워크로 이루어진 세상을 그린 책. 바라바시의 『링크』가 다소 수학적이라면, 와츠의 『Small World』는 인적 네트워크에 초점을 맞추고 있다. 우리가 살아가면서 다른 이들과 맺는 네트워크의 속성이 궁금하다면 읽어볼 만한 책.

마크 뷰캐넌, 『넥서스-여섯 개의 고리로 읽는 세상』, 강수정 옮김, 세종연구원, 2003

　: 네트워크로 이루어진 세상에 대한 마크 뷰캐넌의 책. 네트워크 과학이 어떻게 태동되었고 어떻게 발전되어왔는지를 이야기해준다.

마크 뷰캐넌, 『세상은 생각보다 단순하다』, 김희봉 옮김, 지호, 2004

　: 네트워크로 이루어진 세상에서 일어나는 다양한 사건들이 모두 멱함수의 법칙에 따라서 일어남을 이야기한 책. 지진의 강도에서부터 벽에 던진 삶은 감자가 어떤 크기로 쪼개지느냐에 이르기까지 세상의 다양한 사건들 뒤에는 멱함수 법칙이 숨어 있다는 이야기를 저자는 흥미롭게 풀어주고 있다.

하리하라의 과학고전 카페 2

1판 1쇄 2008년 6월 24일
1판 9쇄 2021년 8월 6일

지은이 이은희
펴낸이 강성민
편집장 이은혜
마케팅 정민호 김도윤
홍보 김희숙 함유지 김현지 이소정 이미희 박지원

펴낸곳 (주)글항아리 | 출판등록 2009년 1월 19일 제406-2009-000002호
주소 10881 경기도 파주시 회동길 210
전자우편 bookpot@hanmail.net
전화번호 031-955-2682(편집부) 031-955-2696(마케팅)
팩스 031-955-2557

ISBN 978-89-546-0599-1 04400
        978-89-546-0597-7 (세트)

geulhangari.com